Wider den Fundamentalismus

Rudolf Schermann (Hrsg.)

Wider den Fundamentalismus

Kein Zurück hinter das II. Vatikanische Konzil

KIRCHE INTERN
EDITION TAU

Biricz-Verlags- + Handelsgesellschaft m.b.H. & Co.KG.,
Mattersburg – Bad Sauerbrunn
Diese Reihe erscheint in Verlegergemeinschaft mit
KIRCHE INTERN
Umschlagentwurf: Erwin Rödl & friends, Pottendorf
Satz: Tau Type, Bad Sauerbrunn
Druck: A. Luigard Ges.m.b.H., Wien

ISBN 3-900977-14-3

Inhaltsverzeichnis

Vorwort

von Rudolf Schermann

Was soll ein gewöhnlicher Sterblicher, der von den Medien täglich mit einem Einheitsbrei aus Mord, Totschlag, Korruption, Michael Jackson und Finanzamt gefüttert wird, mit dem seltsamen Wort „Konzil" anfangen, das in seinen Ohren wie ein aufgeschnappter Wortfetzen aus der Konversation zweier chinesischer Touristen auf einem Bahnsteig klingen mag? Und selbst wenn er in Erfahrung bringen sollte, daß es sich um die feierliche Versammlung hochwürdigster Herren im römischen Petersdom handelt, die bei dieser Gelegenheit rote Roben und seltsame Hüte tragen, würde er sich noch immer gleichsam gelangweilt fragen, was das etwa mit seiner seit Monaten heillos zerstrittenen Ehe zu tun habe oder mit den aufgedunsenen Bäuchen vor Hunger verreckender Kinder in Asien und Afrika?

Wie soll er ahnen, daß das Konzil, speziell dieses sogenannte „Zweite Vatikanische Konzil", mehr mit der Frage seiner zerrütteten Ehe und mit dem Kampf gegen den Hunger in der Welt zu tun hat, als er meint? Daß auf Anregung und in der Folge dieses Konzils Christinnen und Christen, Priester und Bischöfe miteingeschlossen, ebenso für die christlich-menschliche Behandlung geschiedener Wiederverheirateter kämpfen wie für die Menschenwürde lateinamerikanischer Campesinos und südafrikanischer Minenarbeiter. Und daß sie dafür in Kauf nehmen, daß man sie als Abtrünnige und Kommunisten beschimpft.

Auch die chronische Unbeholfenheit der Kirche bezüglich der Frage: „Wie sag' ich's meinem Kinde?" machte dem gütigen Papst Johannes XXIII Sorgen. Er meinte, man müsse die Botschaft Christi „verheutigen" – „aggiornare". Dieses „Aggiornamento", diese Rückübersetzung der Botschaft Christi in die Alltagssprache der Menschen, wobei es ihm nicht nur auf den Text, sondern vor allem auf die Sprachmelodie, sprich: tätige Liebe und Barmherzigkeit, ankam, wurde zum Programm seines Pontifikats. Dies wollte er auf einem Konzil, auf den Geist Gottes hinhörend, besprechen, und dann durch Beschlüsse der gesamten Menschheit vermitteln. Es sollte ein

„pastorales“, also ein „hirtenhaftes“ Konzil werden, ein Konzil der Hirten, die sich nunmehr mit verständlichen Rufen auf die Fährte jener Schafe setzen sollten, die mangels einer verständlichen Sprache und einer warmherzigen Geste der „Mutter Kirche“ scharenweise davongelaufen waren.

Daß dies bei vielen Christen Angst und Widerstand auslösen mußte, ist verständlich. Die einen hatten ein lebenlang nichts anderes gehört als die unverständlich gewordenen „Stammeleien“ der „Mutter Kirche“ und hielten diese deshalb für die eifersüchtig zu hütende Original-Muttersprache, die anderen hatten nie begriffen, daß das höchste „Gesetz Christi“ die Barmherzigkeit ist. Die Euphorie eines epochalen Aufbruchs verleitete zudem viele Anhänger des Konzils mangels pädagogischen Gespürs und Ausgewogenheit zu provokanten Maßlosigkeiten, die diese ohnehin verstörten Glieder des Volkes Gottes noch mehr in Panik verfallen ließen und zur Ansicht brachten, hier gehe der Kahn Petri rettungslos unter, wenn man nicht energisch genug zum Rückzug pfeift.

Zum Glück kamen ein Papst aus Polen, in dessen Heimat das Konzil im Sinne des guten Johannes-Papstes aus politischen Gründen nicht oder nur äußerst mangelhaft rezipiert werden konnte, und ein Kardinal aus Deutschland, der sich von einem einstig mutigen Vordenker in einen angstgeplagten Warner und Klagemann verwandelt hatte und sich an die Spitze jener kleinen, aber nunmehr mächtigen Schar gesetzt hatte, die, anstatt die Konfrontation mit der Gegenwart und der Zukunft zu suchen, die Flucht zurück in die Vergangenheit angetreten hatte. Nun hieß es: zurück zu einer Sprache, die die Menschen nicht verstehen – der betonte Kult der toten Sprache Latein in diesen Kreisen ist bezeichnend dafür –, und zurück von einer durchaus grundsatztreuen, aber menschenfreundlichen Kirche zu einer Kirche, in der den Ton wieder die Gesetzeslehrer angeben; in der nicht argumentiert, sondern verboten, relegiert und reglementiert wird.

Gerade diese Situation aber mußte alle, denen der frühlingshafte Aufbruch unter dem – wohlgemerkt durchaus konservativ geprägten – Papst Johannes XXIII. eine befreiende Hoffnung bedeutet hatte, und die nunmehr unter einem frostigen Wintereinbruch (Karl Rahner) zu leiden hatten, zu einer Neubesinnung und Verteidigung dessen veranlassen, was das Konzil wirklich wollte.

Auch KIRCHE INTERN, diese junge dynamische Zeitschrift, die – zum Unbehangen der einen, zum Neid der anderen, und zur Freude und Begeisterung vieler mündig gewordener Menschen – die Dinge mitunter bis zur Schmerzensgrenze beim Namen nennt, ist Frucht dieses Widerstandes. Des Widerstandes gegen eine Kirche der Enge, der Gesetzeslehrer, der Inquisiteure und Denunzianten, und vor allem gegen jenen gefährlichen Antiintellektualismus: Man denke nur an das Engelwerk und dessen obskure Lehre oder an die amtliche Stimmungsmache gegen die Theologen. All das fügt der Kirche schweren Schaden zu, weil sie in den Augen einer einigermaßen denkenden, intelligenten Öffentlichkeit lächerlich gemacht wird, sodaß man sie zunehmend nicht ernst nimmt. Damit wird jenes Kapital an Respekt verspielt, das auf diesem Gebiet ein Johannes XXIII., Johannes Paul I. und schon vorher der intelligente Papst Pius XII. mühsam genug angesammelt hatten.

Deshalb bat ich im 25. Jubiläumsjahr des Konzils 12 prominente, vor allem aber kompetente Fachleute – Theologen –, darunter auch welche, die noch am Konzil teilgenommen hatten, wie P. Häring oder Hans Küng, von denen ich selber viel gelernt habe, um eine fundierte Information über diese größte Kirchenversammlung der Geschichte und dessen bisherige Wirkgeschichte. Daß dies einigermaßen gelungen sein dürfte, zeigen unzählige positive Reaktionen aus den Reihen der Leserinnen und Leser. Auch der erfreuliche Umstand, daß die Serie – durch einen neuen Beitrag von Professor Fries ergänzt – nunmehr auch in Buchform erscheint, geht teilweise auf Anregung, ja Drängen aus Bezieherkreisen zurück. Es ist das erste Buch in einer geplanten und hoffentlich erfolgreichen Serie von KIRCHE INTERN-Büchern in der jungen und durch die dynamische Führung Magister Greistorfers schon bisher recht erfolgreichen EDITION TAU.
Ich möchte es nicht versäumen, hier auch allen meinen Mitarbeitern und der großen Leserschar von KIRCHE INTERN zu danken, die mit ihrer Begeisterung und finanziellen Hilfe ermöglichten, daß diese Zeitschrift neuen Stils und somit auch diese Information über das Konzil zustandekommen konnten.

Erlauben Sie mir, liebe Leserinnen und Leser, der ich aus 58 Jahren nie enttäuschter Hoffnung auf die göttliche Führung und auf Grund meiner Erfahrungen während 34 Jahren ununterbrochener Arbeit an der „Basis“, unter den Menschen, als Arbeiterjugend-Seelsorger, Stadtkaplan, Krankenhauspriester und Landpfarrer (und daneben stets als Vortragender, Buchautor und Journalist), heute optimistischer bin denn je, daß ich ihnen allen mit einem Wort des Apostels Paulus, aus seinem Brief an die Gemeinde in Rom, Mut, Mut und nochmals Mut zurufe: „Denn ihr habt nicht einen Geist empfangen, der euch zu Sklaven macht, so daß ihr euch immer noch fürchten müßtet, sondern ihr habt den Geist empfangen, der euch zu Söhnen macht, den Geist, in dem wir rufen: Abba, Vater!“ (Röm. 8,15).

Das Zweite Vatikanische Konzil

von Heinrich Fries

I. Der Kontext

Nach Abschluß des Ersten Vatikanischen Konzils 1869/70 war man in weiten Kreisen der katholischen Kirche der Meinung, ein weiteres Konzil sei nun nicht mehr notwendig oder sinnvoll. Denn die Dogmen vom universalen Primat des Papstes über die ganze Kirche und alle einzelnen Kirchen, ein Primat der Leitung und uneingeschränkten Rechtsbefugnis, und zwar nicht nur in Sachen des Glaubens und der Sitten, sondern auch in dem, was zur Ordnung und Regierung der über den ganzen Erdkreis verbreiteten Kirche gehört, sowie das damit verbundene Dogma von der Unfehlbarkeit des außerordentlichen päpstlichen Lehramts haben die Voraussetzungen für den künftigen Weg der katholischen Kirche geschaffen. Der entscheidende Text lautet: „Wenn der römische Bischof in höchster Lehrgewalt (ex cathedra) spricht, das heißt, wenn er seines Amtes als Hirt und Lehrer aller Christen waltend in höchster, apostolischer Amtsgewalt endgültig entscheidet, eine Lehre über Glauben oder Sitten sei von der ganzen Kirche festzuhalten, so besitzt er aufgrund des göttlichen Beistandes, der ihm im heiligen Petrus verheißen ist, jene Unfehlbarkeit, mit der der göttliche Erlöser seine Kirche bei endgültigen Entscheidungen in Glaubens- und Sittenlehren ausgerüstet haben wollte. Diese endgültigen Entscheidungen des römischen Bischofs sind daher aus sich und nicht aufgrund der Zustimmung der Kirche unabänderlich" (Neuner-Roos Nr. 454).

Alle die Gesamtkirche betreffenden Fragen können demgemäß vom Papst allein entschieden werden. Dabei sollten und konnten keine neue Offenbarungen und Glaubensinhalte vorgelegt werden, „es sollte durch den Beistand des Heiligen Geistes die durch die Apostel überlieferte Offenbarung heilig bewahrt und getreulich ausgelegt werden". Darüber hinaus sollten die Konzilsaussagen eine Artikulation des Glaubensbewußtseins der ganzen Kirche sein.

Zwar hat das Erste Vatikanische Konzil ausdrücklich darauf hingewiesen, daß durch die Bestimmungen über den Primat und das unfehlbare Lehramt des Papstes die Rechte, die Kompetenzen und die Verantwortung der Bischöfe nicht beeinträchtigt oder eingeschränkt seien. Deshalb sei es völlig verkehrt, was der deutsche Kanzler Bismarck oder der englische Premierminister Gladstone vermuteten, daß durch die vatikanischen Beschlüsse der Papst ein „absoluter Souverän geworden sei und zwar vermöge seiner Unfehlbarkeit mehr als irgendein absoluter Monarch der Welt", und daß die Bischöfe nur noch Werkzeuge des Papstes seien, seine Beamten ohne eigene Verantwortlichkeit.

Trotz dieser „Absicherungen" ist festzustellen, daß in der Folgezeit nicht das Eigenrecht und die Verantwortlichkeit der Bischöfe und damit das Prinzip der Kollegialität und der Ortskirchen zum Tragen kamen, es wurde vielmehr der universale Primat und das unfehlbare Lehramt des Papstes nach allen Dimensionen hervorgehoben und ausgebaut. Die Tendenz zur Papstkirche – nicht nur ein Wort der außerkatholischen Kritik, sondern eine bewußt und zum Teil mit Stolz von den Katholiken in Anspruch genommene Selbstbezeichnung – und damit zur Zentralisierung wurde immer offenkundiger.

Das von der katholischen Kirche in Anspruch genommene Merkmal der Einheit der Kirche wurde mehr und mehr im Sinn der Einheitlichkeit, der Uniformität und des Zentralismus verstanden und praktisch durchgeführt. Die lateinische Sprache und die einheitliche Liturgie galten lange als besonders attraktives Symbol dieser Einheit. Dem entsprachen die Bilder von dieser Kirche als Burg und Festung oder als Herde, als „Haus voll Glorie". Dieser Triumphalismus kam besonders in folgenden Konzilsaussagen im Ersten Vatikanum zum Ausdruck: „Schon durch sich selbst ist die Kirche ein großer steter Beweggrund der Glaubwürdigkeit und ein unwiderlegliches Zeugnis ihrer göttlichen Sendung, kraft ihrer wunderbaren Fortpflanzung, ihrer hervorragenden Heiligkeit und unerschöpflichen Fruchtbarkeit in allem Guten, in ihrer katholischen Einheit und unbesiegbaren Beständigkeit. Daher kommt es, daß sie wie ein Zeichen ist, das aufgerichtet unter den Völkern (Is 11,12), die zu sich lädt, die noch nicht glauben, ihren Kindern aber die festgegründete Sicherheit schenkt, daß ihr Glaube, den sie bekennen, auf sicherster Grundlage aufruht" (Neuner-Roos Nr. 385). Ein solcher Triumphalismus ist heute nicht mehr vollziehbar.

Besonders auffällig trat die Tendenz zur zentral verstandenen Einheitlichkeit zu Tage im Kampf von Papst Pius X. gegen den sogenannten Modernismus und in der Verpflichtung aller

Geistlichen zum Antimodernisteneid sowie in der Verurteilung des sogenannten Reformkatholizismus.

Der Codex iuris canonici vom Jahre 1917 hat den Primat des Papstes als volle und höchste Jurisdiktionsgewalt in der Kirche hervorgehoben im Bereich des Glaubens und der Sitten, der Disziplin und der Leitung und von einem bloßen Ehrenprimat oder einem Primat der bloßen Aufsicht abgegrenzt. Vom Konzil wird zwar im Codex gesagt, daß es die höchste Gewalt in der Kirche darstelle. Dem wird aber hinzugefügt, daß nur der Papst das Recht habe, ein Konzil einzuberufen, die Tagesordnung festzusetzen und dabei den Vorsitz zu führen, den er persönlich oder durch andere wahrnimmt. Außerdem gilt: Die Konzilsbeschlüsse haben ihre definitive Kraft erst, wenn sie vom römischen Bischof bestätigt und auf dessen Anordnung veröffentlicht sind. Es gibt gegenüber einer Entscheidung des Papstes keine Appellation an ein allgemeines Konzil oder an irgendeine andere Instanz.

Die hier genannte Theorie und Praxis hat sich in der römisch-katholischen Kirche durchgesetzt und hat besonders unter den sogenannten Pius-Päpsten: Pius IX., Pius X., Pius XI. und vor allem Pius XII. immer deutlicheres Profil gewonnen. Man konnte sich kaum denken oder auch vielleicht nur wünschen, daß sich daran, an der bewährten Theorie und Praxis, noch etwas ändern sollte, Papst Pius XII. hat in eindrucksvoller Weise dargestellt und verwirklicht, was Universalität des Papsttums bedeuten und beinhalten kann. Er hat sich zu so gut wie allen Themen lehramtlich geäußert. Man hat darin den Höchstfall der Gestalt des Katholischen gesehen, die auch vor der Welt respektiert wurde. Der Gedanke an ein Konzil war in weite Ferne gerückt, obwohl Papst Pius XII., wie berichtet wird, sich mit diesem Plan beschäftigt hat. Trotzdem: Das Zweite Vatikanische Konzil war eine weltweite Überraschung.

II. Die Überraschung

Der Plan eines Konzils war unter den vorgegebenen Umständen genauso überraschend wie die Wahl des Nachfolgers von Papst Pius XII. in der Person von Angelo Roncalli, der sich Johannes XXIII. nannte. Ganz allgemein hat man in dieser Wahl eines 78jährigen Mannes eine kurzfristige Übergangslösung ohne tiefgreifende Veränderung oder Wirkung gesehen. Der Übergang allerdings erfolgte in einem ganz anderen Sinn, als es die meisten dachten und wollten. Es war der Übergang in eine neue Gestalt des Papsttums und seiner Verwirklichung: der Übergang von einem in der Beanspruchung und Inanspruchnahme seiner universalen Vollmachten geprägten Papsttum in einen Petrusdienst, der darin seine Aufgabe sieht, seine Brüder im Glauben zu stärken. Das war und ist Verantwortung und Verpflichtung der Nachfolger im Petrusdienst überhaupt, aber es ist die Frage und Aufgabe, wie dies jeweils geschehen soll.

Johannes XXIII. war der Ansicht, ein Konzil könnte in den Dienst dieser Aufgabe gestellt werden. Der Plan zu einem Konzil war nach den Worten dieses Papstes eine spontane Eingebung, bei der er genau Ort und Zeit anzugeben wußte. Aber was aus diesem Plan werden würde, war ihm keineswegs klar außer der schon genannten Grundkonzeption, die an sich noch nicht die Konzeption des Konzils selbst war: Es geht um die Vermittlung des Evangeliums an den Menschen der Gegenwart, und zwar so, daß das Evangelium Evangelium bleibt, aber daß zugleich der Mensch der Gegenwart davon bestimmt und bewegt wird. Das Konzil selbst sollte deshalb vor allem einen pastoralen Charakter haben. Johannes XXIII. meinte, zur Erfüllung dieser Aufgabe genüge es nicht, die alten Wahrheiten des Glaubens in der alten Sprache und Begrifflichkeit zu wiederholen und der Gemeinschaft der Gläubigen als gegenwärtige Verpflichtung vor Augen zu stellen; dazu, so meinte er, bedürfe es keines Konzils. Er war auch davon überzeugt, daß der Glaube sich nicht darin erschöpfe, Lehre, wahre Lehre zu sein, die man für wahr zu halten habe, aus der sich alles weitere wie von selbst ergebe. Der Glaube ist Leben, seine schönste Frucht ist die Liebe, ohne die der Glaube tot und unglaubwürdig ist.

Aus dem gleichen Grund war Papst Johannes XXIII. der Meinung, es könne nicht Aufgabe des Konzils sein, wie es geschichtlich gesehen zumeist der Fall war, die falsche Lehre, den Glaubensirrtum, beim Namen zu nennen und zu verurteilen. Er war der Überzeugung, die Kirche habe im Laufe der Geschichte darin schon genug getan, ohne daß dabei das Leben des Glaubens selbst neu erstarkt wäre. Strafen und Verurteilung halfen, so meinte der Papst, nicht viel, es sei deshalb angebracht, die Mittel der Barmherzigkeit anzuwenden und zwischen dem Irrtum und dem irrenden Menschen zu unterscheiden. Der Papst konnte auch nicht in das oft gehörte Klagelied über die Gegenwart als die schlechteste aller Zeiten einstimmen und das Lob der guten alten Zeit intonieren. Der Papst glaubte an die große Zahl der Menschen guten Willens und sah in jeder Zeit, also auch in der jetzigen

Situation, eine Gabe Gottes, die zur Aufgabe des Menschen werden sollte.

Aussagen wie diese waren zugleich ein Bekenntnis zur Geschichtlichkeit der Kirche, die die eine ewige Wahrheit nicht in einer falsch verstandenen Zeitlosigkeit wie in einer Schatzkammer bewahren konnte und wollte, sondern sich der geschichtlichen Situation, den Zeichen von Beständigkeit und Wandel stellte. Es war auch unübersehbar geworden, daß sich die Zeit seit dem Ersten Vatikanum spürbar geändert hat, daß viele neue Probleme und Herausforderungen anstanden, denen man mit der bloßen Wiederholung des Früheren nach Inhalt und Form nicht mehr gerecht werden konnte. Es wären Antworten gewesen, die nicht gefragt waren. Es wurde auch offenbar, daß wichtige Fragen wie die der Erneuerung der Kirche oder die soziale Frage vom Ersten Vatikanum nicht wahrgenommen wurden. Johannes XXIII., der einmal Professor für Kirchengeschichte war, hatte offenkundig für diese Tatsache ein besonderes Sensorium.

Ausdrücklich wies dieser Papst auch die selbsternannten Unheilspropheten zurück und meinte, Jammern und Wehklagen stiften nichts Gutes, bringen weder Trost noch Hilfe, sondern verleiten zur Resignation und zum Pessimismus, machen deshalb die Lage nur schlimmer. Überdies stehen sie im Widerspruch zum Evangelium, deren Mitte die Frohe Botschaft und die Menschenfreundlichkeit Gottes ist, die Johannes XXIII. selbst und persönlich in einer Weise verwirklichte, die die zustimmende Bewunderung der ganzen Welt fand. Zur Zeit dieses Papstes gab es keinen antikirchlichen und antirömischen Affekt, der heute weltweit antreffbar ist. Im Konzil ist das Wort Häretiker oder Schismatiker nicht gefallen, auch nicht das Wort „Anathema sit".

III. Der geistesgeschichtliche Kontext

Die katholische Kirche erblickte in der sogenannten Neuzeit, die man gewöhnlich mit Renaissance, Reformation und neuzeitlicher, vom Menschen ausgehender Philosophie ansetzte, den ausgesprochenen Gegensatz zur christlichen Offenbarung und zum Glauben. Daraus zog man die Folgerung, die Kirche werde nur dadurch und dann ihrer Aufgabe und ihrem Dienst am Glauben gerecht, wenn sie den Gegensatz zum Geist der Neuzeit möglichst klar herausstellte und die Irrtümer der Zeit entschieden verurteilte. Damit verband sich die Aufgabe, die eigene Position klar zu artikulieren. Dies geschah wiederum, indem der Gegensatz zum Geist der Neuzeit zur Sprache gebracht wurde. Die Gesamthaltung der Kirche war apologetisch, verteidigend und kontroverstheologisch. Der andere war der Feind und der Gegner, den es zu bekämpfen und zu widerlegen galt. Katholisch sein bedeutete, sich in den Widerspruch zum Geist der Neuzeit zu stellen.

Bewegte sich der Kampf und der Gegensatz zur Reformation noch im Horizont der als Gemeinsamkeit gewußten christlichen Offenbarung und einer als umfassend verstandenen Christenheit – dabei entstand die Frage nach der wahren Kirche innerhalb dieses Horizonts, so wurde diese Gemeinsamkeit wurde bald verlassen im Namen einer vor allem an der Naturwissenschaft und ihrer Methode orientierten Denkungsart, dergemäß nur das sinnliche Erfahrbare, das meßbar, kontrollierbar und verifizierbar ist, Gegenstand wissenschaftlicher Erkenntnis sein kann. Diese Position wurde verstärkt durch den Konflikt der christlichen Kirchen mit den Ergebnissen der neuen Naturwissenschaft, wie sie von Galileo Galilei und Giordano Bruno vertreten wurde, ein Konflikt, den die Kirche zu ihrem größten Schaden verlor. Der Gegensatz zwischen Glauben und Wissen war dadurch etabliert – er ist bis heute noch nicht ganz ausgeräumt.

Die Wirklichkeit, um die es Glaube und Kirche geht, wurde in der Wertung des neuzeitlichen Denkens dem Glauben und damit der Subjektivität überlassen. Gerade das aber – der Subjektivismus – war ein neuer Kontroverspunkt im Kampf der Geister der Neuzeit. Die katholische Kirche und ihre Tradition waren darauf gegründet, daß das in der Offenbarung objektiv Gegebene, das sich im Bekenntnis und Dogma artikulierte, der Grund und die Grundorientierung des katholischen Glaubens und Lebens war – gleichsam als Kontrapunkt zum Subjektivismus im Denken der Neuzeit. Der Theozentrismus wurde dem Anthropozentrismus gegenübergestellt. Eine Vermittlung dieser Prinzipien wurde weder gesehen noch gesucht. Luthers Berufung auf sein in Gott gebundenes Gewissen gegenüber der objektiven Autorität des Amtes der Kirche war ein weiterer Impuls, um die Bedeutung des Subjekts auch im Raum des katholisch verstandenen Glaubens zurückzudrängen.

Diese Entwicklung erreichte eine weitere Steigerung durch das Programm der sogenannten Aufklärung, durch die Proklamation der Mündigkeit als Befreiung aus der selbstverschuldeten Unmündigkeit, die zugleich die Befreiung von jeder Form des Dogmatismus ist. Kant formuliert diesen Ansatz mit den bekannten Worten: „Sapere aude. Wage, dich deines eigenen Verstandes zu bedienen ohne Leitung eines andern." Auf diese Weise wird die Autonomie des Menschen und seiner Welt begründet. Nach Kant wird dies in der Weise wichtig, als er die Religion, die er ausschließlich als Moral betrachtet, innerhalb der Grenzen der reinen Vernunft ansiedelte und nach deren Maßstäben bemaß. Was diesem Kanon nicht entspricht, wird als belanglos abgetan und verworfen, z. B. alles „Dogmatische" und „Übernatürliche". Kant hat die Wirklichkeit Gottes keineswegs geleugnet, sondern als ein Postulat der praktischen Vernunft erklärt: als tiefste Begründung und als Ziel des ethischen Tuns. Die praktische Vernunft hat den Primat vor der theoretischen. Die katholische Kirche hat diesen Ansatz weder gesehen noch gewürdigt. Theologen, die darin eine Möglichkeit des Verständnisses suchten, wurden verurteilt. Kant bekam wegen seiner Kritik an den geläufigen Gottesbeweisen den Beinamen des „Alleszermalmers".

Bei diesem durch Kant proklamierten Status ist es nicht geblieben. Die geistige Entwicklung ging insofern weiter, als der sogenannte Positivismus, programmatisch vertreten durch Auguste Comte (1798–1857), nur noch das positiv Gegebene, die sinnlich wahrnehmbare Erfahrung als einzig belangvolle Wirklichkeit gelten ließ und jede Form von Metaphysik oder Religion als Mythus und Träumerei erklärte. Aus der theoretischen Nichterkennbarkeit Gottes wurde mehr und mehr seine Nichtexistenz gefolgert. Für Glaube und Religion war in dieser Position kein Platz mehr. Der Weg war freigemacht zur umfassenden Religionskritik, zum reinen Immanentismus, zum Atheismus im Namen der Wissenschaft. Die neue Wissenschaft bedeutete das Ende von Glaube und Religion.

Es ist evident, daß die Position der Kirche nur die schärfste Ablehnung und Verurteilung sein konnte. In den Verlautbarungen des kirchlichen Lehramts im 19. Jahrhundert begegnet das ganze Arsenal der glaubensfeindlichen Ismen, so im sogenannten Syllabus von Pius IX. und im Ersten Vatikanum. Es trifft sie die ganze Schärfe der kirchlichen Anathematismen und der kirchlichen Strafe. Aber die Wirkung dieser Maßnahme war nicht eine Umkehr der Menschen, sondern eine Verhärtung der Fronten, die sich wie Feuer und Wasser gegenüberstanden.

Bei diesem Zustand konnte es jedoch auf die Dauer nicht bleiben. Die katholische Kirche geriet ins Ghetto, was ihrem tiefsten Wesen widerspricht. Hier war vor allem die Kirche gefragt nach ihrem Auftrag, den Menschen die Frohe Botschaft des Heils zu vermitteln. Ein erster Schritt zur Lösung dieser schweren Frage war die Unterscheidung von Person und Theorie, die Erkenntnis, daß die Person immer noch mehr und anders ist als die bloße Verkörperung irgendeines „Ismus“. Daraus folgt, daß die bloß theoretische Stellungnahme nicht genügt – es muß der Weg zum Menschen selbst gefunden werden. Das Mittel dazu war der Dialog, der bereit ist zu hören, aber auch fähig zu antworten.

IV. Die Antwort des Konzils

Für die Intention und die Zielsetzung des kommenden Konzils ergab sich: Es sollte kein Konzil gegen – Contra – sein, sondern ein Konzil für – Pro: für die Menschen, es sollte kein dogmatisches, sondern ein pastorales, ein seelsorgerliches Konzil sein, es sollte kein Konzil der Wiederholung aller Wahrheiten sein, sondern der Versuch einer Erneuerung der Kirche in all ihren Bereichen, ein Konzil der offenen Fenster und Türen, ein Konzil des Gespräches, es sollte ein Konzil des Aggiornamento sein, ein Konzil der Bemühung, wie der Glaube heutig, gegenwärtig gemacht werden kann, sodaß der Glaube bleibt, aber zugleich in seiner Kraft erschlossen wird, Licht und Kraft für die Menschen der jeweiligen Gegenwart zu sein.

Das eindrucksvollste Dokument dieser Bemühung ist die Pastoralkonstitution über die Kirche in der Welt von heute („Gaudium et spes“). Hier wurden Töne angeschlagen, die man bis dahin nie gehört hatte und die gegenwärtig wieder zu verstummen scheinen oder in ihr Gegenteil gewendet werden.

Es ist höchst bemerkenswert, wie das Konzil mit dem Phänomen des Atheismus umgeht in der Pastoralkonstitution „Gaudium et spes“. Das Konzil macht darauf aufmerksam, daß unter Atheismus sehr Verschiedenes verstanden werde, daß er ganz verschiedene Wurzeln und Motive haben kann und daß die Christen selbst eine Mitschuld am Aufkommen des Atheismus haben. Als Antwort wird dem Atheisten empfohlen und er wird dazu eingeladen, das Evangelium unbefangen zu lesen. Das war etwas Neues in der Geschichte und der Tradition der Konzilien. Und es war zu erwarten, daß dieser weite und kühne Plan nicht nur auf Zustimmung der zum Konzil versammelten Bischöfe und Konzilsväter stoßen wird.

Ein anderer Aspekt des Konzils sollte der ökumenische sein: der Gedanke und das Ziel der Einheit der getrennten christlichen Kirchen. Das Wort ökumenisch hat zu Beginn des Konzils zu einigen Mißverständnissen geführt. Man hatte zuweilen die Vorstellung eines Unionskonzils, eines Konzils der Wiedervereinigung der Kirchen, zumal Vertreter nichtkatholischer Kirchen anwesend waren; deren Zahl und Repräsentanz immer größer wurden und die keineswegs nur stumme Zuschauer, sondern engagierte Gesprächspartner waren. Bald merkte man, daß „ökumenisch" in Verbindung mit dem Konzil im Sinn des katholischen Kirchenrechts gemeint war: als Versammlung der über den ganzen Erdkreis versammelten katholischen Bischöfe. Dennoch: Es war ein produktives Mißverständnis. Der Gedanke der Einheit der christlichen Kirchen durch Einigung war die fortlaufende Perspektive des Konzils in allen Beratungen und Beschlüssen. Die ökumenische Thematik war zu Beginn des Konzils keineswegs ein Anliegen aller Konzilsväter. Aber das Thema ist im Verlauf des Konzils immer mehr für alle aktuell geworden. Dabei hat man erkannt, daß das große Ziel der Einheit der Kirchen nicht in einem einzigen großen Anlauf erreicht werden kann, und man hat ebenso schnell erkannt, daß der Weg zur Einheit über die Erneuerung der Kirche gehen müßte. Erneuerung der Kirche – lange Zeit ein Fremdkörper im katholischen Verständnis der Kirche in der Erinnerung an die Reformation im 16. Jahrhundert – ist nun zu einer Grundaussage ihrer selbst geworden. Erneuerung schließt die Erneuerungsbedürftigkeit wie die Erneuerungsfähigkeit ein; sie ist Zeichen der Größe und der Grenze der Kirche. Erneuerung, ständige Erneuerung gehört zur Kirche, wenn diese, wie das Konzil sagt, als Volk Gottes unterwegs ist. Die Kriterien der Erneuerung sind die Besinnung der Kirche auf ihren normativen Ursprung in Jesus Christus und in dem davon in der Hl. Schrift gegebenen Zeugnis sowie die Besinnung auf die Sendung der Kirche: Sie ist nicht für sich selber da – Karl Rahner sagte: „kein Ofen, der sich selber wärmt" –, sie ist da für die Menschen und für deren weniges Heil. So ist das Zweite Vatikanische Konzil ein Reformkonzil geworden. Der Prozeß ist noch nicht abgeschlossen, aber er ist auf allen Ebenen spürbar, wenngleich auch der Widerstand dagegen heute mehr und mehr wächst.

Deshalb ist es völlig verkehrt, für die unübersehbare gegenwärtige Krise des Glaubens und der Kirche das Zweite Vatikanische Konzil verantwortlich zu machen. Man kann und muß im Gegenteil mit Kardinal König sagen: Ohne Konzil und seine Impulse zur Reform der Kirche wäre die Lage noch viel schlimmer. Es kann und muß darum gehen, das Konzil nicht zu vergessen oder vergessen zu machen oder ein neues Konzil anzustreben, sondern es gilt, das Zweite Vatikanum zu verlebendigen und realisieren, seine Quellen freizuschaufeln. Es ist noch lange nicht ausgeschöpft. Das gibt Arbeit, aber auch Hoffnung noch für Jahre.

Das Reformkonzil, als das das Zweite Vatikanum zu gelten hat, hat auch Schluß gemacht mit dem in der katholischen Kirche oft zu ihrem Selbstlob ausgesprochenen Wort: „Schon immer hat die Kirche" sich eingesetzt z. B. für Religions- und Gewissensfreiheit, für Toleranz, für Demokratie und Menschenrechte, für ein Selbstverständnis von Kirche, das Volk Gottes heißt, dem Amt und Hierarchie zu dienen haben, schon immer war die Kirche ein Anwalt der Laien und besonders der Frauen in der Kirche, ein Gegner der Gewalt. Schon immer hat die Kirche die nichtchristlichen Religionen hochgeschätzt.

Man darf diese Themen nur nennen, um zugleich einzugestehen: Das ist unzutreffend. Die Kirche, in unserem Fall die Autorität, das Lehramt der Kirche, ist oft genug der Forderung des Evangeliums nicht gerecht geworden. Wie oft hat sie im Mittelalter die Liebe, die Person der Wahrheit geopfert in der Ausübung der Inquisition, die oft genug auf dem Scheiterhaufen endete.

Wir müssen uns das eingestehen – die Gegner der Kirche verkünden es oft genug auf den Straßen der Welt. Hier ist auch nicht viel zu „rechtfertigen". Es bleibt eine Schuld. Das Wort von der Kirche der Sünder und, wie Karl Rahner immer wieder betonte, von der sündigen Kirche hat und behält sein Recht – und ist der beste Schutz gegenüber einem heute wieder sich rührenden kirchlichen Triumphalismus, für den jede Grundlage fehlt. Triumphalismus als Haltung der Kirche war zu jeder Zeit falsch, ist es heute aber ganz besonders.

Konkrete Ergebnisse

Unter diesen Umständen ist das Konzil anders verlaufen, als manche römische Instanzen und die Vorbereitungskommissionen es sich gedacht und gewünscht haben. Man war dort der Meinung, die Versammlung der Bischöfe würde die in Rom vorbereiteten Entwürfe vielleicht mit geringfügigen Zusätzen akzeptieren und absegnen. Unter diesen Umständen und Voraussetzungen könne das Konzil rasch zu Ende geführt werden. Aber es kam ganz anders. Die vorbereitete Konstitution über die göttliche Offenbarung, näherhin über die Quellen der Offenbarung, wurde als zu wenig biblisch und ökumenisch zurückgewiesen und einer Neubearbeitung in einer neu gebildeten Kommission übergeben. Ihr Ergebnis ist die schöne Konstitution „Dei Verbum", Wort Gottes, von der der evangelische Theologe Oscar Cullmann, Konzilsbeobachter der evangelischen Kirche, erklärte, sie sei das ökumenisch wichtigste Dokument mit seiner klaren Erklärung der Priorität des Wortes Gottes in der Schrift gegenüber allen nachbiblischen Traditionen, die Dogmen eingeschlossen.

Die Vorbereitungskommission hatte ebenfalls einen Entwurf über die Kirche vorbereitet, der nach einem alten Schema verlief. Ausgangspunkt ist die Darlegung der Autorität und des Amtes der Kirche – alles übrige sollte daraus entnommen und entwickelt werden. Dieses Konzept wurde fallengelassen zu Gunsten einer umfassenden Schau der Kirche – das Konzil sollte ein Konzil der Kirche über die Kirche sein (Karl Rahner). Nicht als ob die Kirche die Hauptsache des Glaubens und der Offenbarung wäre, aber es sollte klargemacht werden, in welcher Weise die Kirche im Dienst der Hauptsache steht. Die Konstitution beginnt mit der Beschreibung des Mysteriums der Kirche, wie es im Heilsplan Gottes grundgelegt ist. Dem schließt sich die Bestimmung der Kirche als Volk Gottes an. Ihm sind die Ämter der Kirche und in ihr zugeordnet, die nicht mit den Kategorien der Macht, sondern der Gabe und des Dienstes zu beschreiben sind. Die Mariologie, die manche Konzilsväter als eigenes Konzilsthema behandelt wissen wollten, wurde, was völlig sach- und sinngemäß ist, in die Konstitution über die Kirche aufgenommen. In der Konstitution über die Kirche ist es gelungen, die Treue zu sich selbst mit der Offenheit zu den anderen christlichen Kirchen zu verbinden und ihnen, gewiß in differenzierter Weise, die Qualifikation der Kirche zuzuerkennen. Bei den bleibenden Differenzen aber ist zu fragen, ob sie wirklich und auf ewig kirchentrennend sind oder vielleicht Ausdruck einer legitimen Vielfalt, die nicht der Gegensatz, sondern die Gestalt lebendiger Einheit ist.

Auf dem Konzil selbst ist eine Reihe neuer Fragen aufgetaucht, die in dieser Weise gar nicht vorbereitet werden konnten: die Frage der Religions- und Gewissensfreiheit, die Erklärung über die nichtchristlichen Religionen, in deren Horizont die Erklärung über die Juden erfolgte. Die pastorale Konstitution über das Verhältnis von Kirche und Welt ist eine Frucht des Konzils selbst geworden.

Das Ergebnis des Konzils, wie es in den Texten seiner Dokumente erkennbar und greifbar ist, vor allem aber der Geist des Konzils, der von Glaube, Hoffnung und Liebe Zeugnis gibt, wurde innerhalb der Christenheit und auch von der Weltöffentlichkeit mit Bewunderung und Zustimmung aufgenommen. Man hatte der alten Kirche diese Vitalität, diese Erneuerungskraft, diesen Mut zur Zukunft damals nicht zugetraut. Es gab bei den Katholiken eine weitgehende Zustimmung zur Kirche, ja eine fast ungebrochene Identifikation mit ihr.

Der nachkonziliare Kontext

Die gemeinsame Synode der Bistümer in der Bundesrepublik Deutschland in Würzburg (1971–1975) hatte sich zum Ziel gesetzt, das Zweite Vatikanische Konzil für die katholische Kirche in Deutschland zur Anwendung zu bringen und heimisch zu machen angesichts der neu entstandenen Probleme, wie sie auf dem stürmischen Katholikentag in Essen 1968 nach Veröffentlichung der Enzyklika „Humanae Vitae" zum Ausdruck kamen. Nur mit großer Mühe konnte Kardinal Döpfner ein Grußwort des Papstes verlesen. Damals reifte der Plan, eine gemeinsame Synode der Bistümer in der Bundesrepublik Deutschland vorzubereiten und einzuberufen. Der Gedanke einer solchen Synode war durch das Konzil selbst vorgegeben, das den Gedanken vom gemeinsamen Priestertum und der Verantwortung aller Gläubigen für die Erfüllung des der Kirche überkommenen Auftrags in Erinnerung gerufen hatte und die Einheit der kirchlichen Sendung und die Teilhabe aller Glieder des Volkes Gottes an der Sendung der Kirche und am dreifachen Amt Christi zum Bewußtsein brachte. Die Würzburger Synode, zusammengesetzt aus Bischöfen, Priestern, Theologen, Ordensleuten und Laien, war ein einzigartiges Kommunikationszentrum, die Erfahrung und der Austausch einer lebendigen Communio innerhalb des Volkes Gottes, die durch Dialog und Argumentation aus dem Glauben Wege zur Lösung suchte und fand. Gewiß gab es auch in der Synode ein Auf und Nieder; es gab Spannungen, die manchmal bis zur Zerreißprobe gingen, Ausdruck einer möglichen Pluralität in der Kirche. Aber das Netz zerriß nicht. Kirchliches Engagement und guter Wille wurde allen Teilnehmern zuerkannt. Das schuf eine gute Basis der Gemeinsamkeit. Auch der Kompromiß, der häufig geschlossen werden mußte, ist ein Zeichen gegenseitigen Respekts.

Es ist hier nicht der Ort, die Themen und Beschlüsse dieser Synode vorzustellen. Besonders eindrucksvoll ist die Grundaussage und das Bekenntnis der Synode „Unsere Hoffnung". Ein Bekenntnis zum Glauben in dieser Zeit. Sie ist in entscheidender Weise das Werk von J. B. Metz und trägt nach Form und Inhalt seine Handschrift. Die Vorlage war öfters heftig – angeblich wegen ihrer Einseitigkeit – umstritten, wurde aber schließlich mit großer Mehrheit verabschiedet. Es ist ein Text, der heute noch so bewegend, frisch und ermutigend ist wie in der Synode selbst. Der Präsident der Gemeinsamen Synode, Julius Kardinal Döpfner, erklärte am Ende der letzten Vollversammlung im November 1975: „Die Synode endet – die Synode beginnt. Die wirkliche Arbeit, nämlich das, was in Würzburg beraten und beschlossen wurde, mit Geist und Leben zu erfüllen, liegt noch vor uns."

Die Gemeinsame Synode in Würzburg hatte zum Ziel die Fortsetzung des Konzils und seine Inkulturation in Deutschland. Man sprach auch vom „Deutschen Konzil". Das Schlußlied der Synode hieß nicht: „Ein Haus voll Glorie schauet", sondern: „Wachet auf, ruft uns die Stimme".

Es gibt allerdings in der nachkonziliaren Zeit auch einen Kontext ganz anderer Art: den Kontext der Enttäuschung, verbunden mit Resignation, Müdigkeit, Distanz und einer unübersehbaren Entfremdung von der Kirche. Man kann den Zeitpunkt dieses an sich erschreckenden Wandels ziemlich genau datieren. Es ist nach meiner Meinung die Enzyklika „Humanae Vitae" Pauls VI. aus dem Jahre 1968, die den Menschen in seinem persönlichen Intimbereich traf und einen Sturm der Kritik und des Protestes auslöste. Die Argumente der Enzyklika konnten nicht überzeugen. Das Programm Freude und Hoffnung ist weithin in das Gegenteil, in Trauer und Mutlosigkeit, in Angst und Verzagtheit oder Interesselosigkeit umgeschlagen. Die Verheißungen und Hoffnungen des Konzils wurden zu einem großen Teil nicht erfüllt. Statt Reformation wird nun Restauration als Programm erhoben, nicht als Treue zum Unverlierbaren und Unverzichtbaren in der Kirche, sondern als Rückkehr in einen vorkonziliaren Status der Kirche als der angeblich guten alten Zeit. Das Ziel der Kirche wird als zentral orientierte und gesteuerte Geschlossenheit und Einheitlichkeit erstrebt, was sehr leicht zum einflußlosen Ghetto werden kann.

Man verweist für die Zeit nach dem Konzil auf die unleugbaren Tatsachen: auf die wachsende Zahl der Kirchenaustritte, auf den drastischen Rückgang der Gottesdienstbesucher, der Taufen, der Einzelbeichten, der kirchlichen Eheschließungen, man verweist auf die Verdunstung des Glaubens, auf die Schwierigkeit, den Glauben an die kommende Generation weiterzugeben, auf den Rückgang der Priester- und Ordensberufe, wobei noch kein Ende abzusehen ist, wenn es bei der bisher geltenden Form der Zulassung zu diesen Berufen bleibt. Die Weitergabe des Glaubens kann mit der Vermittlung von katechismusartigem Glaubenswissen allein nicht gelingen, auch nicht mit dem Weltkatechismus, so wichtig das Verstehen des Glaubens ist. Es ist kein großer

Trost, wenn man darauf hinweist, daß die Situation in anderen Kirchen, etwa der evangelischen, nicht besser, sondern vielleicht noch bedrückender ist.

An diesen Defiziten und Defekten ist nicht, wie man manchmal hören und lesen kann, das Konzil und das Programm des Aggiornamento des Dialogs und der Weltzuwendung schuld. Man kann auch nicht nur der „Welt" die Schuld geben mit ihrem immer größer werdenden Zug zum Säkularismus und zum Materialismus. Die atheistischen Systeme und Ideologien sind inzwischen zusammengebrochen. In ihnen hat sich die kleine Schar der christlichen Gruppen und Gemeinden trotz schweren äußeren Drucks am Leben erhalten. Der Hauptgrund für die gegenwärtige Lage der katholischen Kirche, vor allem in Europa, liegt darin, daß die Katholiken das Zweite Vatikanische Konzil – das bedeutendste Ereignis innerhalb der katholischen Kirche in diesem Jahrhundert – nicht genügend realisiert haben: seinen Geist, seine Prinzipien, seine Verheißungen, seine Hoffnungen und seine Initiativen. Aus diesem Grund ist auch der manchmal geäußerte Vorschlag nach einem neuen Konzil nicht hilfreich. Was nützen die schönsten Worte und Texte, wenn sie nicht umgesetzt werden, wenn sie keine Frucht bringen?

Eine weitere Ursache der betrüblichen nachkonziliaren Situation in der katholischen Kirche sind Maßnahmen und Entscheidungen von Papst und Bischöfen, die oft ein Leiden an der Kirche bewirken, vergleicht man die Kirche der Gegenwart mit der Kirche des Konzils. So imponierend die Außenpolitik des Vatikans sein mag und eine Zustimmung zur Kirche erbringen, die kirchliche Innenpolitik ist voller Schwierigkeiten und Probleme.

Sie konzentrieren sich in der Frage nach dem Verhältnis der Ortskirchen und der Weltkirche, konkret in der Frage der Kollegialität und der Subsidiarität, wie sie im Fall der neueren Bischofsernennungen zu Tage traten, die nicht kollegial, sondern einseitig von der römischen Zentrale entschieden wurden. Hierher gehört auch die Einschätzung und Einstufung der Bischofskonferenzen und der Synoden einzelner Diözesen. Sie haben keine andere Funktion als die der – unverbindlichen – Beratung. Ein neuer römischer Zentralismus breitet sich aus und wird auf allen Ebenen in der ganzen Kirche wirksam, so in der Berufung von Professoren der Theologie, die ohne das römische Nihil obstat nicht möglich ist; so in der Verpflichtung der Amtsträger zu einem Treueeid. Auf diese Weise glaubt man die Wogen in der gegenwärtigen Kirche zu stillen. Die oft proklamierte Ökumene steht praktisch weithin still, die ökumenischen Möglichkeiten und Wege, die theologisch in vielen

Gremien erarbeitet wurden – zuletzt noch in dem Dokument „Lehrverurteilungen – kirchentrennend?" –, bleiben für die Praxis vor allem des Lehramts ohne Konsequenz.

Die Vertreter wissenschaftlicher Theologie, deren Recht und Bedeutung Papst Johannes Paul II. vor den Theologen in Altötting eindrucksvoll gewürdigt hatte, werden mehr und mehr dazu verpflichtet, Befürworter und Interpreten lehramtlicher Entscheidungen zu sein, auch wenn diese zwar authentisch, aber nicht unfehlbar sind, und Theologie als Delegation durch das kirchliche Lehramt zu verstehen.

Das wird nirgends so gravierend als in der allmählich peinlich wirkenden Diskussion in konkreten Fragen der Sexualmoral, ausgelöst durch die Enzyklika Pauls VI. „Humanae Vitae" und in der dort geäußerten Bestimmung über die als einzig erlaubt angesehene und in allen Situationen verpflichtende natürliche Geburtenregelung. Viele Enzykliken haben im Lauf der Zeit ihre Brisanz verloren. Für „Humanae Vitae" ist das nicht der Fall. Bei allen Gelegenheiten wird die Verpflichtung auf diese Enzyklika wiederholt, erneuert und verstärkt. Ja, es gibt Bestrebungen, die Aussagen dieser Enzyklika zum Dogma zu erheben. Man kann nur hoffen, daß dies nicht geschieht. Die Folgen wären weltweit unübersehbar, es käme zum großen Schisma. Man könnte meinen, in der Vorstellung mancher Kreise mache die Frage der Sexualmoral und der Geburtenregelung das Wesen und die Unterscheidung des Christlichen aus. In einer Ansprache anläßlich eines Kongresses der Moraltheologen 1989 erklärte Papst Johannes Paul II.: „In den Fragen, da das oberste Lehramt gesprochen habe, gebe es keine Berufung auf eine persönliche Gewissensentscheidung, sondern nur den Gehorsam des Glaubens gegenüber dem Lehramt." Eine solche Aussage steht nicht im Einklang mit einer sehr langen Tradition, die schon bei Paulus beginnt, dergemäß das Gewissen, auch wenn es irrt, die oberste Instanz des sittlichen Handelns ist. In seinem Konzilskommentar zu „Gaudium et spes" schrieb Joseph Ratzinger im Anschluß an J. H. Newman: „Über dem Papst als Ausdruck für den bindenden Anspruch der kirchlichen Autorität steht noch das eigene Gewissen, dem zu allererst zu gehorchen ist, notfalls auch gegen die Forderung der kirchlichen Autorität" (Lexikon für Theologie und Kirche. Das Zweite Vatikanische Konzil III, 328). In diesem Sinn hat John Henry Newman gesprochen: zuerst das Gewissen, dann der Papst. Das ist nicht im Sinn des Gegensatzes, sondern der Zuordnung gemeint.

Zum nachkonziliaren Kontext gehört die Frage nach der Stellung der Laien und besonders der Frauen in der Kirche. Trotz bewegender Worte über die Würde fühlen sich viele

Frauen in der Kirche nicht voll angenommen, vor allem auch deshalb, weil ihnen prinzipiell der Zugang zum kirchlichen Amt, auch in der Form des Diakonats, verwehrt ist – ein Desiderat vieler Diözesansynoden.

Eine Synode als Synode aller Bistümer wird es in Zukunft nicht mehr geben. Die inzwischen abgehaltenen Diözesansynoden fassen zum Teil erfreuliche Voten. Dies geschieht jedoch im Bewußtsein, daß sie größtenteils ohne Wirkung bleiben, weil gesamtkirchliche Regelungen oder der neue Codex iuris canonici im Weg stehen. Eine so mutige Tat wie die „Königsteiner Erklärung" der deutschen Bischöfe zur Enzyklika „Humanae vitae" oder der österreichischen Bischöfe, in der deutlich gesagt wird, die Frage der Methoden der Geburtenregelung soll dem verantwortlichen Gewissensentscheid der Ehepartner überlassen bleiben, wäre heute nicht mehr möglich. Es bedarf im Gegenteil großer Bemühung, um zu verhindern, daß diese Erklärungen offiziell widerrufen werden.

Der Tübinger Theologe Peter Hünermann hat in einem offenen Brief an Bischof Karl Lehmann geschrieben: „Wenn eine überaus große Zahl christlich engagierter Eheleute nach sorgfältiger Information und Gewissensprüfung und unter Abwägung der Umstände empfängnisverhütende Mittel gebraucht, so dürfte dies wohl ein Zeichen des sensus fidelium, des untrüglichen Glaubenssinnes des Volkes Gottes, und nicht einfach ein Symptom einer Anpassung an den Zeitgeist und eines umfassenden Glaubensabfalls sein" (Herderkorrespondenz, März 1989, 133).

Noch ein besonderes Thema ökumenischer Art soll hier erwähnt werden. Es ist die Frage der Gottesdienst- und der Abendmahlsgemeinschaft. Das Konzil hat dazu folgendes gesagt: „In dieser Frage sind hauptsächlich zwei Prinzipien maßgebend: die Bezeugung der Einheit der Kirche und die Teilnahme an den Mitteln der Gnade. Die Bezeugung der Einheit verbietet in den meisten Fällen die Gottesdienstgemeinschaft, die Sorge um die Gnade empfiehlt sie indes in manchen Fällen" (Ökumenismusdekret II, 8). In den nachkonziliaren Dokumenten fällt bei dieser Frage auf, daß nur der erste Teil dieses Textes zitiert wird mit der Konsequenz: Wo keine – volle – Glaubensgemeinschaft besteht, ist eine Gottesdienst- und Abendmahlsgemeinschaft nicht möglich. Da diese nicht besteht, erledigen sich von selbst alle Einzelfragen. Dabei wäre zu untersuchen, worin diese Glaubensgemeinschaft konkret und im einzelnen besteht. Der zweite Teil der Konzilsaussage „Teilhabe an den Mitteln der Gnade" wird zumeist verschwiegen, obwohl sich gerade dadurch eine mögliche Lösung in nicht wenigen Fällen anbietet.

Die genannten Tatsachen, die keineswegs vollständig zu nennen sind, verursachen ein heute weit verbreitetes Leiden an der Kirche. Es entsteht aus dem schmerzlich empfundenen Kontrast zwischen der Kirche des Konzils und der Kirche der Gegenwart. Die sogenannte „Kölner Erklärung“ vom Jahre 1989, die inzwischen von mehr als 200 deutschen Theologen unterschrieben worden ist und weit über die Bundesrepublik hinaus Zustimmung fand, ist deshalb keine Rebellion gegen den Papst; wer sie dazu macht, hat sie nicht verstanden oder nicht verstehen wollen. Diese Erklärung ist die notwendig gewordene Erinnerung an die Kirche des Konzils, sie ist auch ein Plädoyer für das Recht der Bischöfe und der Ortskirchen, sie ist ein Dienst am Glauben und an der Kirche. Das ist in der Kritik übersehen worden. Daß diese Erklärung eine Reihe von emeritierten Professoren unterschrieben hat, ist kein Argument dagegen, wie manchmal gesagt wird, sondern ein Argument dafür. Dabei wurden die Erfahrung, die Verantwortung und die Weisheit vieler Jahre eingebracht. Wer hätte in dem bedrückenden Schweigen in der nachkonziliaren Kirche das Wort ergreifen sollen, wenn nicht die Theologen?

Der nachkonziliare Kontext ist nicht ganz leicht zu beschreiben. Das hat seinen Grund auch darin, daß die Konzilsaussagen vor allem in der Frage der Kirche nicht ausgeglichen sind und die Prinzipien in einer Spannung stehen, die es ermöglicht, daß sich viele Gruppen auf irgendeinen Konzilstext berufen und diesen für sich in Anspruch nehmen.

Dennoch: Intention, Prinzipien und Geist des Konzils sprechen eine deutliche Sprache. Wir müssen uns intensiv um sie bemühen. Darin liegen Aufgaben und Hoffnungen in Fülle. Nur damit kann die katholische Kirche Gegenwart und Zukunft bestehen. Die Chancen des Zweiten Vatikanischen Konzils dürfen nicht vertan werden. Ob uns noch einmal eine solche Stunde wie die des Konzils geschenkt wird?

Dei Verbum – Das Wort Gottes

von Hubert Frankemölle

Als in der feierlichen Schlußabstimmung am 18. November 1965 die Konzilsväter mit 2344 Ja- gegen 6-Nein-Stimmen, also mit überwältigender Mehrheit die Dogmatische Konstitution über die göttliche Offenbarung „Dei Verbum" annahmen, hatte nach der „Mühe eines vier Jahre umspannenden Streites ... ein entscheidendes Stück Konzilsgeschichte ... ein versöhnliches Ende gefunden".[1] Die Geschichte der sieben verschiedenen Textfassungen liest sich wie eine Geschichte des Konzils selbst; begann doch die Diskussion des Konzils am 14. November 1962 mit einer lebhaften Auseinandersetzung über den ersten Entwurf mit dem Titel „Über die Quellen der Offenbarung". Aus der Rückschau läßt sich sagen, daß dies ein Text war, „an dem sich die Geister schieden und das Konzil sein Selbstbewußtsein fand".[2]

Auch nach O. Semmelroth und M. Zerwick, die als Mitarbeiter des Konzils den Text der Konstitution miterarbeitet haben und aus deren Feder der erste lesenswerte Kommentar zur Konstitution erschienen ist, „wird man nicht bezweifeln können", daß diese Erklärung „zu den besten Dokumenten des Konzils gehört und eine sehr zentrale Bedeutung in der Selbstdarstellung der Kirche durch dieses Konzil hat.[3] Dies deswegen, weil das Grundthema des letzten Konzils, die Kirche, von dieser Erklärung ihren sachgemäßen, d. h. auch nachgeordneten Stellenwert erhält. Denn: Bereits im einleitenden Satz wird als Wesenselement der Kirche herausgestellt, daß die Kirche die Gemeinde der Glaubenden ist, die „Gottes Wort voll Ehrfurcht" hören und „voll Zuversicht" verkünden. Dies ist Aufgabe von Hirten und Gläubigen, so daß in Art. 10 folgerichtig konkretisiert wird: „Das Lehramt ist nicht über dem Wort Gottes, sondern dient ihm, indem es nichts lehrt, als was überliefert ist, weil es das Wort Gottes aus göttlichem Auftrag und mit dem Beistand des Heiligen Geistes voll Ehrfurcht hört ..."

Aufgrund dieser Neubestimmung der Rolle der Schrift für die katholische Theologie und für das kirchliche Lehramt erweist sich – auch nach einem Vierteljahrhundert – die Offenbarungskonstitution als einer der wichtigsten Texte, die vom Zweiten Vatikanischen Konzil beschlossen wurden. Wenn auch für Nichttheologen vielleicht allzu abstrakt, zeigt sich an der Geschichte dieses Dokumentes die lange vorbereitete, mit der Approbation durch den Papst jedoch lehramtlich öffentlich gemachte Wende in der katholischen Kirche.[4] Diese Wende sei etwas verdeutlicht 1. im Hinblick auf die Stellung der Erklärung in der Geschichte der katholischen Theologie und 2. durch die Benennung von einigen Akzenten, wodurch sie sich von früheren Erklärungen unterscheidet. Aus diesen Überlegungen sollen 3. abschließend einige pastoralpraktische Folgerungen gezogen werden.

1. Dei Verbum im Kontext der Theologiegeschichte

1.1 Die Vorlage von 1962

Bereits der Titel „Über die Quellen der Offenbarung" enthält ein theologisches Programm, wonach Schrift und Tradition als gleichwertige Quellen der Offenbarung betrachtet werden – so könnte es jedenfalls verstanden werden und wurde auch in einigen theologischen Schulen nach dem Trienter Konzil so verstanden. Vielleicht nicht ganz zu Unrecht haben auch so ökumenisch orientierte Theologen wie Karl Barth im Hinblick auf das Erste Vatikanische Konzil formuliert, daß die katholische Kirche mit Schrift, Tradition, Vernunft und Lehramt vier Quellen voraussetzte und erst im Zweiten Vatikanischen Konzil zur Rede von der einen Offenbarung zurückfände.[5] Dies allerdings nicht eindeutig und klar, vielmehr trägt der 1965 verabschiedete Text auch nach J. Ratzinger „natürlich die Spuren seiner mühsamen Geschichte, er ist ein Ausdruck vielfältiger Kompromisse".[6] Dennoch sind die Veränderungen zur ersten Vorlage unübersehbar. So hatte nach J. Ratzinger die Vorbereitungskommission „eine nachdrückliche Klarstellung in Sachen Inspiration, Inerranz (Irrtumslosigkeit) und kirchliche Auslegung der Schrift und besonders eine Unterstreichung der Historizität der Evangelien gefordert, ferner die Klarstellung, daß die Tradition inhaltlich größeren Umfang habe als die Schrift ... Alle anstehenden Fragen waren im rein defensiven Sinn entschieden: größere inhaltliche

Ausdehnung der Tradition gegenüber der Schrift, reichlich verbalistische Fassung des Inspirationsbegriffs, engste Form von Auslegung der Irrtumslosigkeit ..., problemlose Fassung des Begriffs der Historizität der Evangelien usw.“[7)] Dies war ein Rückfall in schon überwunden geglaubte Auffassungen, zudem sollte die Theologie einer bestimmten, konservativen Schule gesamtkirchlich abgesegnet werden. Das kirchliche Lehramt und die katholische Theologie waren in der ständig neu zu leistenden Aneignung kirchlichen Glaubens schon sehr viel weiter.

1.2 Kirchliche Vorläufer

Mit der Enzyklika „Divino afflante Spiritu“ („Unter Eingebung des göttlichen Geistes“) Pius’ XII. vom 30. 9. 1943 „wurde eine neue Ära katholischer Bibelforschung eröffnet“.[8)] Vor allem die Freigabe des Studiums der literarischen Gattungen in der Bibel erwies sich für die Folgezeit als befreiend. War damit bereits die Frage nach dem Verhältnis von Redeformen und historischer bzw. theologischer Wahrheit aufgeworfen worden, so wurde diese mit Zustimmung von Papst Paul VI. 1964 in der Instruktion über „Die Wahrheit der Evangelien“ anhand von Fragen, die die Gläubigen stark bewegen (Wahrheit der Wundergeschichten usw.) weitergeführt.[9)] Mit Recht kann F. Mußner hinsichtlich der allgemeinen Grundsätze für die Schriftauslegung betonen, daß Dei Verbum „eigentlich nichts anderes“ sagt, als was in diesen kirchlichen Erklärungen bereits vorher gesagt wurde.[10)]

1.3 Kirchliche Bestätigungen

Sowohl Papst Paul VI. wie Johannes Paul II. haben in vielen Ansprachen die Arbeit der modernen Bibelwissenschaft, wie sie durch Dei Verbum endgültig eröffnet wurde, anerkannt.[11)] Hinsichtlich des Streites in den vergangenen Jahren um eine authentische Auslegung der Texte des Zweiten Vatikanischen Konzils besonders wichtig ist die Erklärung der Päpstlichen Bibelkommission vom Jahre 1983 unter dem Titel „Bibel und Christologie“, die auch viele Hinweise über prinzipielle Probleme katholischer Theologen enthält.[12)] Hier wird z. B. hinsichtlich der im evangelisch-katholischen Gespräch wichtigen Frage nach der Bedeutung der Schrift eindeutig erklärt und damit die Aussagen des Zweiten Vatikanischen Konzils verdeutlicht: „Die Ausformulierung der christologischen Lehrsätze hängt mehr von der Sprache patristischer und mittelalterlicher Theologen als von der des Neuen Testaments selbst ab, so als ob diese letztendliche Quelle der Offenbarung ihrerseits zu wenig wäre, um der kirchlichen Lehre eine gut definierte Glaubensformulierung zu liefern." (65) Und: „Die ‚Hilfssprechweisen', die im Verlauf der Kirchengeschichte benutzt wurden, haben für den Glauben nicht denselben Wert wie die eigentliche Referenzsprache (Bezugssprache) der inspirierten Autoren, nämlich im Neuen Testament" (67). Auch wenn diese Sätze im Kontext zu lesen sind, sind sie für sich genommen eindeutig. Für katholische Theologie und für katholischen Glauben im Sinne der Bibel enthalten solche Sätze Sprengstoff, vielleicht aber auch viel Anreiz zum Nachdenken. Daß sie mit den Aussagen des Zweiten Vatikanums übereinstimmen, ist jetzt zu zeigen.

2. Wichtige Akzente in Dei Verbum

Nur einige Hinweise können gegeben werden, wichtiger ist das eigene Lesen. In der Abfolge der Kapitel seien einige charakteristische Gedanken genannt, die vielleicht auch für die allgemeinen Glaubensvorstellungen der Katholiken bedeutungsvoll sind.

Im Vorwort geht es um das Wesen der Offenbarung Gottes (vgl. 1. Kap.) und ihre Weitergabe (vgl. 3.–6. Kap.). Wichtig ist die Selbstbescheidung der Kirche in den einleitenden Worten, wonach sie vor aller Verkündigung ständig und immer (das Verbum steht im Präsens) Gottes Wort voll Ehrfurcht hören muß. Das Selbstverständnis der katholischen Kirche in dieser doppelten Haltung des Hörens und Verkündigens kann nicht treffender umschrieben werden.

1. Kapitel: Offenbarung wird nicht als Mitteilung von einzelnen Sätzen über Gott verstanden, sondern als Selbstmitteilung Gottes in Tat und Wort, die sich gegenseitig ergänzen. Zum Höhepunkt gelangt diese Selbstmitteilung Gottes in Jesus Christus. Diesem ganzheitlichen, personalen Verständnis von Offenbarung entspricht auf seiten des Menschen, daß auch er „sich Gott als ganzer in Freiheit überantwortet" (Nr. 5). Glaube ist daher letztlich nicht Zustimmung zu diesem oder jenem Satz (selbstverständlich sind Glaubenssätze unentbehrlich), sondern personale Begegnung mit Gott und konkrete Nachfolge Jesu. Ermöglicht wird diese Glaubenszustimmung durch „die vollkommene und helfende Gnade

Gottes“ (Nr. 5) – eine für das evangelisch-katholische Gespräch wichtige Aussage.

2. Kapitel: In Nr. 7 wird entsprechend dem ganzheitlichen Offenbarungsverständnis betont, daß die Apostel „durch mündliche Predigt, durch Beispiel und Einrichtungen weitergaben“, was sie von Jesus Christus empfingen. Noch wichtiger ist – in Aufnahme der Unterscheidung der Instruktion „die Wahrheit der Evangelien“ von 1964 (Jesus, erste Apostel, biblische Verfasser) – , daß auch das Konzil betont, daß erst die „apostolischen Männer“ das, „was sie unter der Eingebung des Heiligen Geistes gelernt haben ... unter der Inspiration des gleichen Heiligen Geistes“ als Botschaft vom Heil niederschrieben. Dies bedeutet: Die Evangelien sind mehrschichtig; der Glaube wird bereits in dieser frühen Phase dynamisch verstanden und sein Inhalt ist die Botschaft vom Heil, keine protokollarisch-historische Nachricht. Evangelien sind Verkündigungsschriften. Was J. A. Fitzmyer zur Instruktion von 1964 bemerkt, trifft auch hier zu, daß man „ruhig und frei zugibt, daß die uns heute vorliegenden Evangelien nicht die Worte und Taten Jesu aus der ersten Überlieferungsphase und nicht einmal die Gestalt, in der sie während der zweiten Phase verkündet wurden, enthalten, sondern daß die Evangelien die Worte und Taten Jesu in der Gestalt bieten, in der die Evangelisten sie zusammengestellt und ediert haben. Diese Gestalt spiegelt jedoch die beiden vorangehenden Phasen, und zwar die zweite mehr als die erste“.[13)]

In Nr. 8 wird diese dynamische Sicht auch auf die Kirche durch die Zeiten hindurch übertragen. Die Kirche ist noch nicht im Besitz der vollen Wahrheit, sondern „strebt im Gang der Jahrhunderte ständig der Fülle der göttlichen Wahrheit entgegen“, da Gott auch jetzt „ohne Unterlaß im Gespräch“ mit der Kirche ist. In der Kirche gibt es „unter dem Beistand des Heiligen Geistes einen Fortschritt“, jedoch nicht im Glaubensinhalt, wohl jedoch im immer tieferen „Verständnis der überlieferten Dinge und Worte“ der Bibel, da sie „alles umfaßt, was dem Volk Gottes hilft, ein heiliges Leben zu führen“. Nimmt man diese Worte ernst, dann ist die im Konzil heiß umstrittene Frage nach dem Verständnis von Schrift und Überlieferung in Nr. 9 und 10[14)] bereits vorentschieden, auch wenn sich gerade in diesen Artikeln weniger glückliche Formulierungen finden, die auf verschiedene Interventionen von Minderheiten zurückgehen.

Da bereits das Neue Testament in Nr. 7 und 8 als Buch der Kirche verstanden wird, kann auch für die nachneutestamentliche Zeit Schrift und Überlieferung (als biblische Wirkungsgeschichte; s. u. 3.) als Einheit gesehen werden. Dabei ist klar, daß die Überlieferung über die Schrift hinaus nicht weitere Offenbarungswahrheiten hinzufügen kann, es vielmehr um ein immer tieferes Verständnis der überlieferten Wahrheiten gehen kann und muß. Daher ist auch die Selbstbeschränkung des katholischen Lehramtes nur konsequent: „Das Lehramt ist nicht über dem Wort Gottes, sondern dient ihm, indem es nichts lehrt, als was überliefert ist" (Nr. 10). Dies schließt nicht aus, daß es die Aufgabe eben dieses Lehramtes ist, „das geschriebene oder überlieferte Wort Gottes verbindlich zu erklären" (ebd.), wenn es wirklich das Wort Gottes „voll Ehrfurcht hört, heilig bewahrt und treu auslegt". Hier hat auch „das ganze heilige Volk" (Nr. 10), „das Nachsinnen und Studium der Gläubigen" (Nr. 8) als Volk Gottes eine nicht unwesentliche Rolle, die gegen Ende des zweiten Kapitels etwas vernachlässigt wird. Ganz anders die Aussagen in der Kirchenkonstitution Nr. 9–17 mit der Betonung der Teilnahme aller Gläubigen am Priester-, Propheten- und Hirtenamt Christi mit der abschließenden Erkenntnis: „Die Gemeinsamkeit der Gläubigen, welche die Salbung von dem Heiligen haben ..., kann im Glauben nicht irren" (Nr. 12) – unbeschadet der Aussage zum Bischofsamt und Papstamt.

3. Kapitel: Zunächst wird in Art. 11 die wichtige Unterscheidung von Gott als dem „Urheber" der Schrift und den Menschen „als echte Verfasser" gemacht und damit deutlich die Aussage verbunden, daß das, was die inspirierten, vom Geist Gottes erfüllten Verfasser aussagen, jene Wahrheit ist, „die Gott um unseres Heiles willen in heiligen Schriften aufgezeichnet haben wollte". Bereits der große Kirchenlehrer Thomas von Aquin hatte in der zwölften Frage seines Büchleins „Über die Wahrheit" formuliert: „Der Heilige Geist wollte uns durch die von ihm inspirierten Autoren nur jene Wahrheit vermitteln, die zu unserem Heil nützlich ist." Ähnlich will nach einem Wort des Kirchenvaters Augustinus die Bibel nicht zeigen, wie die Himmel sich bewegen, vielmehr will sie den Weg in den Himmel zeigen. Die immer wieder gestellte Frage „Ist die Bibel wahr?" kann auch im Sinne des Zweiten Vatikanischen Konzils nicht verstanden werden als Frage nach dem so oder anders Passierten, nach Tatsachen (auch wenn diese Frage durchaus in sich sachlich berechtigt ist). Wahr im Sinne der Bibel ist das, was uns zum Heil dient. Dies hängt mit dem Wesen der Offenbarung zusammen, da Gott sich selbst dem Menschen in der Schrift offenbart. Auch Jesus bringt nicht nur Licht, Wahrheit usw., er ist vielmehr Wahrheit, Licht der Welt, Brot des Lebens usw. (Joh 14,6 u.a.).[15)] Wahrheit in diesem Sinne schließt historische, naturwissenschaftliche und andere menschliche Irrtümer (vgl. etwa Mt

27,9) nicht aus. Dagegen ist Gottes Heilswahrheit „sicher, getreu und ohne Irrtum“, da sie Gott zum Urheber hat.

In Nr. 12 wird der Gedanke, daß Menschen „echte Verfasser“ sind, im Sinne der bisherigen Erklärungen der katholischen Kirche von 1943 und 1964 auf die Schriften der Bibel übertragen. Diese unterliegen den Bedingungen unterschiedlicher Zeiten und Kulturen und den „umweltbedingten Denk-, Sprach- und Erzählformen“. Auch bei jenen Erzählern, die Geschichten weitergeben, ist darauf zu achten, daß es Texte „von in verschiedenem Sinn geschichtlicher ... Art“ gibt. Hier ist die wissenschaftliche Exegese gefordert, die auf alle Sprachformen, „die damals im menschlichen Alltagsverkehr üblich waren“, zu achten hat, da die biblischen Theologen in allen nur erdenklichen literarischen Gattungen vom Wirken Gottes in der Welt, in der Geschichte Israels und in der Geschichte Jesu Christi erzählen. Ziel aller wissenschaftlichen Bemühungen ist es, „die Aussageabsicht der heiligen Schriftsteller zu ermitteln.“ Nirgendwo sonst wird wie hier die Forschungsfreiheit von höchster kirchlicher Seite dringend gewünscht, wobei jedoch der Schrifterklärer die Intention der Schreiber nur dann sachgemäß erfaßt, wenn er die Schrift in dem Geist liest und auslegt, in dem sie geschrieben wurde.

Auch hat er auf die Einheit der ganzen Schrift zu achten sowie die Auslegungsgeschichte der gesamten Kirche durch die Jahrhunderte hindurch zu berücksichtigen. Nur aufgrund dieser wissenschaftlichen Vorarbeit reift das Urteil der Kirche. Das Bild des Reifens umschreibt wie die anderen Bilder in Nr. 8, daß die Kirche noch auf dem Weg ist.

4. Kapitel: In Nr. 14 wird betont, daß auch die Bücher des Alten Bundes „ihren unvergänglichen Wert“ behalten. Demgegenüber wird aber zweimal betont, daß diese Geschichte Gottes mit Israel nur „vorbereitenden“ Charakter hat. Über die bleibende Bedeutung des Evangeliums des früheren Bundes als heiliger Schrift Jesu und aller neutestamentlichen Theologen könnte nicht nur im Sinne des Paulus (vgl. Röm 9,4f; 11,1f) eindeutiger gesprochen werden. „Was im Alten Testament von eigenem und bleibendem Wert ist“, haben Christen neu zu erspüren.[16)] Doch auch Art. 16 betont, daß das NT erst im Lichte des AT verstanden werden kann.

5. Kapitel: Gegenstand ist das Neue Testament. Werden in Nr. 17 die wichtigsten heilsgeschichtlichen Daten genannt (Menschwerdung, Tod Jesu, Auferweckung, Himmelfahrt und Sendung des Geistes), stehen in Nr. 18 und 19 die Evangelien, denen „mit Recht ein Vorrang zukommt“, im Vordergrund. Nr. 19 greift das in Nr. 7 bereits angedeutete dreiphasige Ent-

wicklungsmodell (Jesus, Apostel, Evangelisten) auf, ebenso den in Nr. 11 und 12 angesprochenen Gedanken der Wahrheit. Wenn in Nr. 19 gesagt wird, daß die Kirche „entschieden und unentwegt" daran festhält, „daß die vier genannten Evangelien, deren Geschichtlichkeit sie ohne Bedenken bejaht, zuverlässig überliefern, was Jesus, der Sohn Gottes, in seinem Leben unter den Menschen zu deren ewigem Heil wirklich getan und gelehrt hat", so ist der hier nicht erklärte Begriff der „Geschichtlichkeit" im Lichte von Nr. 12 zu interpretieren („Wahrheit ... in Texten von in verschiedenem Sinn geschichtlicher ... Art"). „Geschichtlichkeit" meint demnach nicht in jedem Fall Faktizität des Erzählten, zudem wird durch die Wendung „zu deren ewigem Heil" auch hier wie in Nr. 11 auf Heilswahrheiten abgehoben. Dennoch besteht kein Zweifel, daß Gottes Heil in Jesus Christus geschichtlich vermittelt wurde und auch im konkreten geschichtlichen Handeln Jesu von anderen Menschen glaubend erfahren wurde. Inwieweit eine geschichtliche Erzählung in der Bibel wirklich historische Erinnerung bewahrt, ist im Lichte von Nr. 12 im einzelnen zu klären. Dies gilt grundsätzlich auch für den Begriff „Geschichtlichkeit".

3. Pastoralpraktische Hinweise

Diese lassen sich mit dem 6. Kapitel von Dei Verbum formulieren, das unter der Überschrift „die Heilige Schrift im Leben der Kirche" lehrhafte mit pastoralen Ausführungen verbindet. Der theologische Anspruch des 6. Kap. ist aber nicht geringer zu werten als in den übrigen Kapiteln. Dies wird schon dadurch unterstrichen, daß wie in einer Einrahmung in Nr. 21 und Nr. 26 der Tisch des Wortes und der Tisch der Eucharistie parallelisiert werden, denn: „die Kirche hat die Heiligen Schriften immer verehrt wie den Herrenleib selbst" (Nr. 21). Die Konsequenz daraus: „Wie die christliche Religion selbst, so muß auch jede kirchliche Verkündigung sich von der Heiligen Schrift nähren und sich an ihr orientieren", da die Kirche in den Heiligen Schriften „immer die höchste Richtschnur ihres Glaubens sah und sieht zusammen mit der Heiligen Überlieferung". Nimmt man beide Aussagen zusammen, dann ist – auch im Kontext der Erklärung von 1983 (vgl. oben 1.3.) – die Überlieferung als nachneutestamentliche Tradition das für die jeweilige Zeit lebendige Schriftverständnis und in diesem Sinne normativ. Auch die Bekenntnisschriften der Reformationskirchen werden in der evangelischen Theologie z. T. so verstanden.[17]

Die Schrift als höchste Richtschnur auch des katholischen Glaubens! Welcher Katholik und welche katholische Gemeinde löst das ein? Darf es da noch Gemeinden geben, die nicht in ständigen Bibelkreisen nach dieser höchsten Richtschnur des Glaubens suchen im „Nachsinnen und Studium der Gläubigen“ (Nr. 8)?

Art. 22 plädiert für „brauchbare und genaue Übersetzungen in die verschiedenen Sprachen“, auch in Zusammenarbeit mit den getrennten Brüdern. Solche Bibelübersetzungen „können von allen Christen benutzt werden“. Im deutschsprachigen Bereich fehlt es keineswegs an guten, auch ökumenischen Bibelübersetzungen.[18] Leider sieht die Praxis in den christlichen Kirchen in Deutschland in den vergangenen Jahren anders aus, da jeder sich verstärkt auf seine eigene Tradition besinnt. Im Sinne von Dei Verbum ist dies nicht. Ebenso wären ökumenische Bibelkreise als konkrete Konsequenz zu fordern.

Während Art. 23 sich an die Bibelwissenschaftler richtet und sie zu verstärkter wissenschaftlicher Auslegung ermuntert, enthält Art. 24 grund-legende Aussagen zur Verhältnis von Theologie und Heiliger Schrift. Wegen ihrer Wichtigkeit seien sie zitiert: „Die heilige Theologie ruht auf dem geschriebenen Wort Gottes, zusammen mit der Heiligen Überlieferung, wie auf einem bleibenden Fundament. In ihm gewinnt sie sichere Kraft und verjüngt sich ständig ... Die Heiligen Schriften enthalten das Wort Gottes und, weil inspiriert, sind sie wahrhaft Wort Gottes: Deshalb sei das Studium des heiligen Buches gleichsam die Seele der heiligen Theologie.“ Auch wenn die Wendung „zusammen mit der Heiligen Überlieferung“ umstritten war und auf Drängen der Minderheit in den Text eingefügt wurde, werden grammatisch Schrift und Überlieferung nicht parallelisiert, wohl aber Theologie und Überlieferung, die zusammen die Schrift als Fundament voraussetzen. Auch der weitere Kontext bestätigt diese Deutung, denn: „Auch der Dienst des Wortes... holt aus dem Wort der Schrift gesunde Nahrung und heilige Kraft.“ Auch das Dekret über die Priesterausbildung bestätigt diese Deutung, da auch dort betont wird, daß das Studium der Bibel „die Seele der ganzen Theologie sein muß“ (Nr. 16).

Auch die Erklärung von 1983 (s. o. 1.3.) kann für diese Deutung herangezogen werden.

Art. 25 fordert alle Kleriker, Katecheten und alle Gläubigen zu häufiger Lesung der Heiligen Schrift auf, was mit einem Wort des Kirchenvaters Hieronymus – bezogen auf das NT –

begründet wird: „Die Schrift nicht kennen heißt Christus nicht kennen." Die Lesung der Schrift soll „zu einem Gespräch werden zwischen Gott und Mensch". Katholiken, deren Gebetsleben jahrhundertelang durch Rosenkranz, Kreuzweg, Herz-Jesu-Andachten, Mai-Andachten usw. bestimmt war, werden durch einen solchen Text zu einer radikalen Neubesinnung aufgefordert. „Man wird sagen dürfen, daß die katholische Frömmigkeit die Bibel weithin erst noch richtig entdecken muß"[19], wobei – auch dies verschweigt Dei Verbum nicht – Bibelausgaben mit entsprechenden Anmerkungen ein wichtiges Bollwerk gegen religiöse Schwärmerei sind. Für die praktische Bibelarbeit in den Gemeinden und für die Lesung der Heiligen Schrift durch den einzelnen Christen ist auch dieser Hinweis von großem pastoralen Wert. Die Katholischen Bibelwerke der deutschsprachigen Länder stellen in umfassender Weise wirklich gute Bibelausgaben und Kleinkommentare zur Verfügung.

4. Ausblick

Die Sache, um die es in der Dogmatischen Konstitution über die göttliche Offenbarung geht, ist keineswegs einfach. Schließlich geht es um das Nachdenken über die Offenbarung Gottes in von Menschen geschriebenen Texten und um die Grundfrage, was Offenbarung Gottes selbst meint. Wenn formuliert wird, daß in der Offenbarung nicht Satzwahrheiten mitgeteilt werden, daß Gott „durch Wort und Tat" auch nicht etwas erschließt, sondern sich selbst und sein heilsmittlerisches Wirken für den Menschen (bis hin zu seiner Offenbarung im Gott-Menschen Jesus Christus), dann hat jeder Mensch, der an Gott glaubt, diesen seinen Glauben an Gottes Geschichte mit den Menschen immer neu zu bedenken. Ist die Wirklichkeit Gottes der bestimmte Grund meines Lebens? Bildet sie die Basis meiner Hoffnung? Lese und höre ich biblische Texte so, daß es bei deren Inhalt um mein Heil geht (vgl. Nr. 11)? Verstehe ich christlichen Glauben als einen menschlichen Grundvollzug, in dem ich mich „als ganzer in Freiheit" meinerseits Gott überantworte (vgl. Nr. 5)?

Dies sind die theologischen Grundaussagen. Im Vergleich dazu sind alle anderen, keineswegs theologisch unwichtigen Probleme jedoch sekundär. Der Kompromißcharakter mancher Formulierungen ist zudem überdeutlich. Der Versuch z. B., das Verhältnis von Schrift und nachbiblischer Tradition so zu bestimmen, daß man die Theorie von den zwei Quellen der Offenbarung, die die gegenreformatorische Schul- und Lehramtstheologie beherrscht hatte, mit der grund-legenden und unaufgebbaren Bedeutung der Schrift meint verbinden zu können, kann nicht als gelungen bezeichnet werden. Ein Rückgriff auf das Konzil von Trient wäre angemessener gewesen, da dort der „Ausdruck ‚Quelle' noch ausschließlich im Singular verwendet und allein auf das ‚Evangelium'" bezogen ist, „das als Christi Wort allen historischen Überlieferungsformen vorausliegt und sie trägt."[20] .Hier hat die Erklärung von 1983 (s. o. 1.3.) für Klarheit gesorgt. Im Hinblick auf die gesamte Konstitution über die göttliche Offenbarung ist jedoch zu sagen: Während vier Kapitel sich fast ausschließlich mit der Bibel beschäftigen, behandelt nur ein einziges die kirchliche Überlieferung, die zudem – wenn man nicht einzelne Formulierungen aus dem Kontext reißt – von der Schrift her gesehen wird. Insofern war die Päpstliche Bibelkommission gut beraten, diese strittige Frage in der Erklärung von 1983 eindeutiger zu beantworten hinsichtlich der Schrift als Fundament und Seele der Theologie, in der und durch die aller nachneutestamentlicher Glaube und die gesamte Theologie ihren Maßstab finden.

Grundthema des Konzils war die Kirche. Unter diesem Gesichtspunkt kann es nicht hoch genug bewertet werden, daß in der Konstitution über die göttliche Offenbarung auf die der Kirche geschenkte Heilige Schrift und auf die in ihr vorausgehende Offenbarung Gottes als Ermöglichung von Kirche hingewiesen wird. Die gesamte Kirche als Gottes Wort Hörende und Verkündigende (Nr. 1), das kirchliche Lehramt als das dem Wort Gottes Dienende (Nr. 10) wird als Gemeinde auf dem Weg verstanden in der Bereitschaft, sich vom geschriebenen Wort Gottes „ständig verjüngen" zu lassen (Nr. 24). Welche Impulse müßte ein solches Bild von der Kirche unter der Schrift für die Stellung der Bibel in den Gemeinden (Bibelkreise, biblische Predigten usw.) und im schulischen Religionsunterricht, aber auch für das geschwisterliche Miteinander der Funktionsträger und der übrigen Gemeindemitglieder im gemeinsamen Hören und Nachsinnen über das Wort Gottes freisetzen!

Da nicht zuletzt in dieser Konzilserklärung die Forschungsfreiheit der Bibelwissenschaftler und ihr Dienst an der Kirche beschworen werden, ist es an der Zeit, verstärkt über das Zusammenspiel der drei Größen „Volk Gottes – wissenschaftliche Theologie – kirchliches Lehramt" nachzudenken und in der Kirche jeder Größe ihren legitimen Platz einzuräumen. Dei Verbum enthält für die Theologie, für das christliche Leben und für die Gemeindepraxis (auf Pfarr-, Bistums- und Weltebene) ein Programm, dessen Konkretisierung noch aussteht. Vor allem die Betonung der Bedeutung der Schrift als Fundament und Maßstab kann nicht genug gewürdigt werden, setzte doch die Bibelbewegung in diesem Jahrhundert auch in der katholischen Kirche im Rückbezug auf die Schrift kräftige Korrekturen in Theologie und Frömmigkeit frei. Die Zeit des Neubeginns ist immer, auch heute. Es gilt, in Treue zur Tradition eigene Schritte zu tun gemäß dem Wort des Propheten Jeremia aus dem 7. Jh. v. Chr.: „So spricht Jahwe: Macht euch auf den Weg, mit dem alles anfing. Befragt die Pfade eurer Urväter, welcher der Weg zum Glück ist – und den geht! So werdet ihr Geborgenheit und Heil für euch finden" (Jer 6,16).

Anmerkungen:

1) J. Ratzinger im wissenschaftlich ausgerichteten, ausführlichsten Kommentar zur Offenbarungskonstitution, in: Lexikon für Theologie und Kirche. Das Zweite Vatikanische Konzil. Konstitutionen, Dekrete und Erklärungen lateinisch und deutsch. Kommentare II, Freiburg u. a. (2) 1967, 497–583, 502f; ebd. 500–502 findet sich ein kurzgefaßter Überblick über die wechselvolle Geschichte dieses Textes und ausführliche Literatur dazu.
2) K. Rahner – H. Vorgrimler in dem anschaffenswerten Band 270 der Herderbücherei: Kleines Konzilskompendium. Sämtliche Texte des Zweiten Vatikanums. Allgemeine Einleitung, 16 spezielle Einführungen, ausführliches Sachregister, Freiburg 1966, (14) 1982, 361.
3) Vgl. dies., Vatikanum II über das Wort Gottes. Die Konstitution „Dei Verbum": Einführung und Kommentar, Text und Übersetzung (Stuttgarter Bibelstudien 16), Stuttgart 1966, 61.
4) Aufgenommen wurde dieser Ansatz des Zweiten Vatikanischen Konzils in dem von der Deutschen Bischofskonferenz herausgegebenen Buch: Katholischer Erwachsenenkatechismus. Das Glaubensbekenntnis der Kirche, Stuttgart u. a. 1985, 33–58. Diese lesenswerten Seiten verdeutlichen für einen breiten Leserkreis die prinzipiellen Grundlagen der katholischen Theologie, die jedoch bei den Einzelthemen des Katechismus (etwa in der Christologie, Mariologie, bei der Engellehre und bei der Eschatologie, der Lehre von den „letzten Dingen") nicht durchgehalten werden.
5) K. Barth, Ad limina apostolorum, Zürich 1967, 50–58.
6) A. a. O. 502f; zur Darstellung des Verhältnisses von Schrift und Überlieferung in Art. 9 vgl. den differenzierten und fundierten Kommentar ebd. 523–526. Vgl. auch die wissenschaftlich anspruchsvolle Darstellung verschiedener Offenbarungs-Konzeptionen von P. Eicher, Offenbarung. Prinzip neuzeitlicher Theolo-

gie, München 1977; zur Offenbarungskonstitution des Zweiten Vatikanums ebd. 483–543.

7) A. a. O. 500.

8) H. Haag, Divino afflante Spiritu, in: ders. (Hrsg.), Bibel-Lexikon, Einsiedeln u. a. (3) 1982, 340.

9) Zum Text und zu einem fundierten Kommentar vgl. J. A. Fitzmyer, Die Wahrheit der Evangelien. Die „Instructio de historica Evangeliorum veritate" der Päpstlichen Bibelkommission vom 21. April 1964: Einführung, Kommentar, Text, Übersetzung und Bibliographie (Stuttgarter Bibelstudien 1), Stuttgart 1965.

10) F. Mußner, Geschichte der Hermeneutik. Von Schleiermacher bis zur Gegenwart, Freiburg 1970, 28; ebd. 22–34 ein Überblick vom Ersten zum Zweiten Vatikanischen Konzil.

11) Zu zahlreichen Zitaten vgl. G. Schelbert, Diffamierung der historisch-kritischen Methode, in: N. Greinacher – H. Küng (Hrsg.), Katholische Kirche – wohin? München 1986, 141–162; ebd. 145f (zu Paul VI.) und 149–157 (zu Johannes Paul II.), während er durch die Leiter der Päpstlichen Glaubenskongregation, die Kardinäle Ottaviani (bis 1968), Seper (bis 1981) und Ratzinger „Klagen, Warnungen, Diffamierung der modernen Bibelwissenschaft" ausmacht; zu Zitaten ebd. 146–148 und 158–160.

12) Bibel und Christologie. Ein Dokument der Päpstlichen Bibelkommission in Französisch und Latein. Mit deutscher Übersetzung und Hinführung von P. G. Müller, einem Kommentar von J. A. Fitzmyer und einem Geleitwort von Kardinal J. Ratzinger, Stuttgart 1987.

13) Fitzmyer, Wahrheit 33.

14) Vgl. dazu J. Ratzinger, a. a. O. 523–528.

15) Vgl. dazu O. Loretz, Die Wahrheit der Bibel, Freiburg 1964; W. Kasper, Die Wahrheit des Evangeliums, in: ders., Dogma 58–109.

16) So formuliert es die Päpstliche Kommission für die religiösen Beziehungen zu dem Judentum in ihrer Erklärung: Richtlinien und Hinweise für die Konzilserklärung „Nostra Aetate", Art. 4, Trier 1976; noch deutlicher dies., Hinweise für eine richtige Darstellung von Juden und Judentum in der Predigt und in der Katechese der katholischen Kirche, Bonn 1985, 48–53.

17) Vgl. J. Ratzinger, a. a. O. 576f.

18) Zu einem Überblick vgl. H. Frankemölle, Die Bibel und der heutige Leser. Zur neuen Übersetzung „Die Bibel in heutigem Deutsch" – Würdigung und Kritik, in: Diakonia 15 (1984) 119–132; ders., Bibelübersetzungen – für wen? in: Diakonia 16 (1985) 338–345.

19) J. Ratzinger, a. a. O. 579.

20) J. Ratzinger, a. a. O. 523 mit weiteren kritischen Bemerkungen.

Die Kirche als Volk Gottes

von Peter Neuner

Das II. Vatikanische Konzil hat die Kirche als Volk Gottes neu entdeckt und beschrieben. Damit hat es der Bewegung zum Durchbruch verholfen, die Romano Guardini in der ersten Hälfte unseres Jahrhunderts in die Worte gefaßt hatte: „Die Kirche erwacht in den Seelen." Die Gläubigen selbst konnten sich als Kirche fühlen. Auf der anderen Seite hat das Verständnis von Kirche als Volk Gottes manchmal zu einer Konfrontation zwischen Hierarchie und Basiskirche, einer „Kirche von oben" und einer „Kirche von unten" geführt. So ist der Begriff „Volk Gottes" derzeit einer der umstrittenen und klärungsbedürftigen Begriffe in unserem religiösen und kirchlichen Sprechen. Wie ist er recht zu interpretieren, was ist von ihm abgedeckt und was schließt er aus?

I. Eine biblische Besinnung

Wenn das II. Vatikanische Konzil Kirche als Volk Gottes versteht, greift es zurück auf biblische, vor allem auf alttestamentliche Konzeptionen. Es ist für jüdische und für christliche Überzeugung gemeinsam, daß sich Gott inmitten der Menschheit und ihrer Religionen ein Volk versammelt, ja, daß er ein Volk „gemacht" hat. Gott wollte die Menschen nicht als einzelne retten, sondern indem er sie in seinem Volk versammelte und mit ihnen seinen Bund schloß.

Nach alttestamentlichem Verständnis ist „Volk Gottes" das Volk Israel. Der hebräische Begriff, der dieses Volk umschreibt, ist „Am", ein Wort, das im griechischen Alten Testament und im Neuen Testament mit „Laós" übersetzt wird. Hier fällt nun allerdings eine Besonderheit auf: „Am", „Laós" ist im Alten Testament nicht einfachhin Volk, sondern das Volk Israel, das Volk Gottes und dieses allein. Es gibt nur ein Volk, sodaß der Begriff „Laós" fast nur im Singular verwendet wird. Wenn nicht von Israel, sondern von den anderen Völkern die Rede ist, verwendet das hebräische Alte Testament zumeist „Goj“, die griechische Übersetzung nicht „Laós“, sondern „Ethnos“, zumeist im Plural, „Ethne“. Dieser Begriff wird im Deutschen oft wiedergegeben mit „Die Nationen“.

„Laós tou theou“, „Volk Gottes“ ist damit nicht einfach die Volksmenge, die Bevölkerung, die einfachen Leute, sondern es ist das Volk Israel, das sich Gott erwählt hat. Dieses Volk wird konstituiert zunächst einmal durch die gemeinsame Abstammung von den Vätern: von Abraham, Isaak und Jakob. Diesem Volk Gottes kann man nicht beliebig beitreten, das gilt bis heute, sondern man muß von Geburt an dazugehören. Daneben ist es für das Volk Gottes konstitutiv, daß es im Glauben gründet. Israel ist vor allem Glaubensgemeinschaft, es ist begründet durch Jahwe und existiert im Glauben an ihn. Darum heißt es beim Propheten Jesaja: „Glaubt ihr nicht, dann habt ihr keinen Bestand“ (Jes 7,9). Konkret faßbar wird dieses Volk Gottes als Rechtsgemeinschaft. In ihm wird Recht gesprochen nach dem Gesetz Jahwes, nach der Bundessatzung. Die Vorschriften, die Gott für sein Volk erlassen hat, sind die Grundlage, die dieses Volk zusammenhält und die es durch die Geschichte hindurch als Gemeinschaft konstituiert. Besondere Bedeutung hat der gemeinsame Kult, Israel ist Kultgemeinschaft. Es gedenkt im Gottesdienst daran, daß es seinen Ursprung hat und daß es lebt aus den Taten Jahwes, vor allem aus der Stiftung des Volkes beim Auszug aus Ägypten, aus dem Bundesschluß, aus der Gesetzgebung und aus der Landnahme. Im Pascha-Fest wird dieser Ereignisse feierlich gedacht, in der kultischen Feier werden sie als real gegenwärtig erlebt. Die gemeinsame Abstammung also, der Glaube an Jahwe, die Beachtung des Gesetzes und vor allem der gemeinsame Kult konstituieren Israel als Volk Gottes.

Dieses Volk existiert im gemeinsamen Glauben, so wie Abraham, der Stammvater, geglaubt hat. In ihm hat der Glaube im Alten und im Neuen Testament seine exemplarische Gestalt gefunden. Wer glaubt, ist damit Sohn Abrahams. Glaube bezieht sich dabei nicht auf Sätze, er ist nicht verstanden als ein Fürwahrhalten von Dogmen, sondern als eine personale Begegnung mit dem Gott, der das Volk zum Ziel führt und auf seinen Wegen geleitet. Dieses Volk existiert in der Geschichte, es ist nicht am Ziel, sondern in der Vorläufigkeit. Wandel, Reform und Umkehr gehören immer zu ihm. Es ist wanderndes, pilgerndes Gottesvolk, das das Ziel vor sich hat, sich nach ihm ausstreckt, ohne es je in Besitz zu haben und darüber zu verfügen. Weil dieses Volk von Gott berufen ist, muß es anders sein als die Völker ringsum. Es hat seine Sicherheit nicht in militärischem, politischem und gesellschaftlichem Kalkül, sondern dadurch, daß Gott es führt und beschützt. Es steht im Kontrast zu den anderen Völkern, es darf nicht so sein, wie diese sind. Doch gerade darin ist dieses Volk für die anderen Völker da, glaubt und lebt stellvertretend für sie. Was in ihm lebendig ist, soll jedenfalls am Ende der Geschichte für alle Völker gelten: daß Jahwe alles in allem sein wird, daß in diesem einen Volk alle Nationen der Erde Segen empfangen werden. Das Volk Gottes ist nicht um seiner selbst, es ist um der Menschheit willen da.

Doch es gehört auch zum Volk Gottes, daß es sich seiner Berufung immer wieder als unwürdig erweist, es ist immer auch ein sündigendes und sündiges Volk. Die Geschichte Israels ist bestimmt durch die Polarität von Treue und Untreue zum geschlossenen Bund, durch Glaube und Unglaube. Es hat sich an Gott Jahwe gewandt, hat im Kult seine gottgewollte Identität gefunden, und ist gleichzeitig der Gefahr erlegen, sich religiös und politisch an seine Umwelt anzugleichen. Die Geschichte vom Goldenen Kalb zeigt exemplarisch, wie das Volk Gottes auch immer von der Sünde affiziert ist, wie es durch die Berufung Jahwes zwar ein heiliges, durch Abfall von ihm aber immer auch ein sündiges Volk ist.

Im Neuen Testament kommt der Begriff „Laós", „Volk Gottes", verhältnismäßig häufig vor. In der Mehrzeit der Fälle bezeichnet er einfachhin die Menschenmenge, die Leute, einen zusammengelaufenen Haufen. Daneben finden sich aber auch Stellen, wo in Übernahme des alttestamentlichen Sprachgebrauchs Israel als Volk Gottes bezeichnet wird. Dafür einige Beispiele: „Du sollst ihm den Namen Jesus geben, denn er wird sein Volk von seinen Sünden erlösen" (Mt 1,21). "Gepriesen sei der Herr, der Gott Abrahams, denn er hat sein Volk besucht und ihm Erlösung geschaffen" (Lk 1,68). „Gott hat seinem Volk Gnade erwiesen" (Lk 7,16). Christus ist das Licht, das „die Heiden erleuchtet und Herrlichkeit für dein Volk Israel" bringt (Lk 2,32).

In vielen Stellen des neuen Testaments bleibt also der Begriff „Volk Gottes", „Laós tou theou", auf Israel bezogen: Israel ist auch in neutestamentlicher Sicht nach wie vor Volk Gottes. Jedoch gibt es auch einige Stellen im Neuen Testament, und diese sind von besonderem Gewicht, wo die christliche Gemeinde als „Laós" bezeichnet wird. Die überkommene Entgegensetzung von „Laós" und „Ethne" wird dabei völlig überwunden. Hier wird gesagt, daß die christliche Gemeinde das Volk ist, und daß es aus den „Ethne", den Heiden, erwächst. Das Volk ist jetzt nicht mehr konstituiert durch Abstammung, Beschneidung und die Einhaltung von kultischen Bundesvorschriften, sondern durch den Glauben an Jesus, den Christus.

Gott selbst hat „aus den Heiden (Ethne) ein Volk (Laós) für seinen Namen" gemacht (Apg 15,14). Der Römerbrief zitiert den Propheten Hosea (2,25). Während sich aber bei Hosea sowohl das „Mein Volk" als auch das „Nicht-Mein-Volk" ausschließlich auf Israel beziehen, deutet Paulus diesen Gedankengang um auf die Berufung der Heiden in das Volk: „Ich werde als mein Volk berufen, was nicht mein Volk war, und als Geliebte jene, die nicht geliebt war. Und dort, wo ihnen gesagt wurde: Ihr seid Nicht-Mein-Volk, dort werden sie Söhne des lebendigen Gottes genannt werden" (Röm 9,25 f). Die gläubig gewordenen Heiden sind nun also „Mein Volk".

Diese Stellen zeigen, daß nach neutestamentlichem Sprachgebrauch nun das Volk Gottes nicht mehr primär konstituiert wird durch Abstammung von Abraham und die Einhaltung des Gesetzes, sondern durch den Glauben an Jesus, den Christus. Wer glaubt, getauft ist und Jesus nachfolgt, der gehört nun zum Volk Gottes. Gott hat in Jesus Christus einen Neuen Bund geschlossen. Damit ist der Alte Bund überholt: „Indem er von einem neuen Bund spricht, hat er den ersten für veraltet erklärt. Was aber veraltet und überlebt ist, das ist dem Untergang nahe" (Hebr 8,13).

Kirche ist also nach dem Neuen Testament Volk Gottes, sie gründet in einem Neuen Bund, der den Alten Bund abgelöst hat. Das bedeutet nun aber nicht, wie es sich in unserem theologischen Sprechen manchmal eingebürgert hat, daß damit auch ein Neues Volk entstanden wäre. Vielmehr ist nach neutestamentlichem Sprachgebrauch das Volk Gottes eines, und in diesem einen Volk gibt es zwei Bundesschlüsse: den Alten Bund und den Neuen Bund. Aber keineswegs bedeutet der Neue Bund, daß Israel nun nicht mehr zum Volk gehören würde. Israel ist nach wie vor Volk Gottes, das Volk Gottes umfaßt beide Bundesschlüsse. Wenn der Neue Bund den Alten Bund abgelöst hat, so hat dennoch nicht ein neues Volk das alte Volk ersetzt. Das Volk Gottes umfaßt vielmehr Juden und Christen. Und keineswegs ist die Kirche einfachhin an die Stelle des Tempels und der Synagoge getreten. Die Darstellungen in der christlichen Kunst, die die Synagoge mit verbundenen Augen und abgewandtem Blick zeigen, werden dem Verhältnis von Judentum und Kirche nicht gerecht. Die Synagoge ist nicht das alte, überholte, entlassene Volk, sondern sie hat Anteil am Volke Gottes, sie gehört nach wie vor dazu. Das Volk Gottes besteht also aus Juden und Christen. Und die grundlegenden Charakteristika, die das alttestamentliche Volk Gottes bestimmen, gelten damit auch für die Kirche: Sie hat ihre Existenz in der Berufung durch Gott, im Glauben an ihren Herren, in der Feier des Kultes. Sie ist ein pilgerndes Volk, das nie am Ziele ist und das es sich an keinem Punkt in seiner Geschichte bequem machen darf. Das Volk ist unterwegs, Reform ist ein Wesensmerkmal, das auch die Kirche als Volk Gottes prägt. Sie hat an keinem Punkt ihrer Geschichte das Recht zu bleiben, wie sie ist. Reform und Neugestaltung sind unabdingbar.

Zum Volk Gottes im Neuen Bund gehören nach neutestamentlichem Verständnis alle, die glauben und die getauft sind. Der Unterschied zwischen Volk und Nicht-Volk ist die Differenz zwischen Glaubenden und Nichtglaubenden, Getauften und Nichtgetauften. Der Begriff „Volk", „Laós", schließt alle Getauften zusammen, er besagt aber keine Differenzierung innerhalb der Gemeinde. In der Kirche gehören alle zum Volk, alle sind „Laós", und sie sind unterschieden von denen, die nicht zum Volk gehören. „Laós" ist damit ein Ehrentitel, der allen Christen zuteil wird, selbstverständlich auch denen, die in der Gemeinde eine besondere Verantwortung haben: allen, die in charismatischer Spontaneität oder in amtlicher Beauftragung Verantwortung für die Gemeinde tragen und besondere Pflichten übernehmen. Sie gehören selbstverständlich zum Volk Gottes, sind nicht von ihm isoliert. „Volk Gottes" unterscheidet also im neutestamentlichen Verständnis die Glaubenden von den Ungläubigen, keinesfalls aber die einfachen Christen von denen mit besonderer Verantwortung.

II. Ein Blick in die Kirchengeschichte

Im Laufe der Geschichte der christlichen Kirche wurde dieses Verständnis von Volk, „Laós", nicht beibehalten. Schon verhältnismäßig früh haben sich die Amtsträger, die Glieder der Kirche mit einer besonderen Verantwortung, vom einfachen Volk abgesondert. Die Kirche wurde in der Welt heimisch, und das verlangte konstante und klar umrissene Strukturen und rechtliche Zuständigkeiten. Damit haben die Amtsträger erhöhte Bedeutung erlangt, sie wurden mehr und mehr aus der breiten Masse des „Volkes" herausgehoben. Schon in manchen Schriften des Neuen Testaments finden wir ein Gefälle hin auf Amtsstrukturen, dieser Prozeß setzte sich in der frühen Kirche fort, und es war ein notwendiger Prozeß, damit die Botschaft Jesu weiterhin in der Welt und ihrer fortdauernden Geschichte lebendig bleiben konnte. Doch der Begriff

„Volk Gottes" nahm damit eine grundlegend andere Bedeutung an: Er bezeichnete nun nicht mehr alle Getauften, sondern nur noch die einfachen Leute unter ihnen, im Gegensatz zu den Autoritäten und Amtsträgern.

Zunächst bedeutete diese Differenzierung noch keine Absonderung. Neben dem Volk waren jetzt die Amtsträger, aber beide waren aufeinander verwiesen, weil beide einander bedurften. Es galten, wie Kardinal Ratzinger eindrücklich dargestellt hat, die Grundsätze, die die ganze Geschichte hindurch nachgewirkt haben: „Nihil sine episcopo", nichts ohne den Bischof; aber die Presbyter hatten in gleicher Weise die Zusicherung: „Nihil sine consilio vestro", nichts ohne euren Rat. Und alle Amtsträger hatten die Regel zu beachten: „Nihil sine consensu plebis", nichts ohne die Zustimmung des Volkes. Nur im Zusammen von Amtsträgern und Volk konnten die Entschlüsse gefällt werden, in denen die Kirche ihren Weg fand. Das war nicht das Modell der neuzeitlichen Demokratie, aber es war sicher noch viel weniger das von Monarchie und Absolutismus des Amtes. Dieses Zusammenspiel von Amt und Volk war vor allem bei Bischofsernennungen von großer Bedeutung: Es war weder möglich, daß das Volk einen Kandidaten durchsetzte gegen die Hierarchie, andererseits aber galt es als göttliches Recht, daß niemand dem Volk als Bischof aufgezwungen werden durfte, den dieses nicht wollte und akzeptierte. Beide: Amtsträger und Volk waren aufeinander verwiesen, konnten nur in Gemeinschaft miteinander die Botschaft der Kirche vortragen und die wichtigen Entscheidungen treffen.

Diese Communio-Struktur wurde in der Geschichte der christlichen Kirche allerdings Schritt für Schritt durch einen Antagonismus zwischen Amtsträgern und Volk überdeckt. Immer mehr Verantwortlichkeiten, Rechte und Vollmachten wurden von den Amtsträgern beansprucht, sodaß ein Volk zurückblieb, das nun allein noch negativ bestimmt war und das jene umfaßte, die keine eigenen Rechte in der Kirche beanspruchen konnten und die nicht Subjekte ihrer Geschichte zu werden vermochten. Nun entstand aus dem Begriff „Laós", Volk, unser deutsches Wort: der Laie. Der Laie in der mittelalterlichen und in der neuzeitlichen Kirche ist jener, der nicht ordiniert ist, der in der Kirche nur das Recht hat, zu hören und zu gehorchen und die Sakramente gespendet zu bekommen, der keinen Zugang zu Wissen und Bildung hat. Er ist nicht Subjekt, nicht Träger von Entscheidungen und Wahrheitsfindung, sondern passives Glied der hörenden Kirche. Jetzt umfaßt „Volk" nicht mehr alle Glieder der Kirche und unterscheidet sie vom „Nicht-Volk", sondern jetzt wird „Volk" zu einem Stand in der Kirche, der jene zusammenschließt, die zur hörenden und gehorchenden Kirche gehören, die nichts zu sagen haben, denen alle Rechte entzogen sind. Jetzt steht das Volk im Gegensatz zur Hierarchie. Den Höhepunkt dieser Entwicklung bildete das Schreiben Papst Bonifaz' VIII., der im Jahr 1296 feierlich erklärte, daß heute, wie in alter Zeit, „die Laien dem Klerus bitterfeind seien". Die Amtsträger wurden als die wahren Christen erachtet, der Laie war nur noch insoweit Christ, als er mit dem Amtsträger, dem Mönch und dem Priester übereinstimmte. Was ihn von diesem unterschied, verdunkelte auch sein Christsein. Seitdem die Zeit der altchristlichen Märtyrer und Bekenner vorüber war, wurden fast nur noch Mönche und Nonnen, Bischöfe, Päpste und Ordensstifter als Heilige verehrt. Sie allein erschienen als Vorbilder im Glauben, nicht mehr die Laien als die Angehörigen des Volkes. So war es nur folgerichtig, daß in den theologischen Lexika gegen Ende des 19. Jahrhunderts unter dem Stichwort „Laie" nur noch der Verweis auftauchte: „siehe Klerus". Der Laie war einfachhin charakterisiert als der Nicht-Amtsträger, und damit als Christ zweiter Ordnung.

III. Das Zweite Vatikanische Konzil

Auf dem Hintergrund dieser langen geschichtlichen Entwicklung war es eine wichtige Entscheidung des II. Vatikanums, daß es den Begriff „Volk Gottes" zum Zentralbegriff von Kirche machte. Das ging nicht ohne Spannungen ab. Ein vorbereitendes Schema zur Kirchenkonstitution begann in herkömmlicher Sicht mit dem kirchlichen Amt, man wollte in Ergänzung zum I. Vatikanum, das vor allem das Papsttum betont hatte, nun in besonderer Weise das bischöfliche Amt hervorheben. Und von hier aus sollte dann weitergeschritten werden zum Priestertum und zu den Laien. Das Konzil hat in seiner Mehrheit diesen Aufriß zurückgewiesen. Es hat, noch bevor es die hierarchischen Ämter in der Kirche darstellte, in zwei Kapiteln die Kirche als Mysterium und als Volk Gottes abgehandelt. Das besagt: Noch bevor die Kirche aufgegliedert ist in besondere Ämter, Dienste und Funktionen, ist sie zunächst einmal Mysterium, d. h. Geheimnis des Dreifaltigen Gottes, der sie begründet und sie gewollt hat. Und sie ist Volk Gottes: Zu ihr gehören alle, die getauft sind und die glauben, unabhängig und vor jeder Differenzierung in besondere Aufgaben und Funktionen. Hinsichtlich ihrer Gliedschaft an diesem Volk Gottes sind alle Christen gleich, Amtsträger und Laien, Frauen und Männer, Besitzende und Arme, Gebildete und Analphabeten. In Rückbesinnung auf die biblische und die altkirchliche Aussage von der Kirche als Volk Gottes hat das Konzil die Kirche als Gemeinschaft, als Communio aller Gläubigen bezeichnet. Sie ist nicht nur in den Institutionen, der Hierarchie, den Amtsträgern verwirklicht, sondern in allen Gläubigen. Die Ämter gehören zur Kirche, aber sie sind nicht die Kirche, und sie können sie nicht als ganze vertreten und repräsentieren. Die Volk-Gottes-Theologie des II. Vatikanums will sagen, daß erst alle Gläubigen zusammen Kirche sind, und daß sie alle, weil sie getauft sind, ihre Rechte und Pflichten in der Kirche haben. Die Kirche als Volk Gottes vollzieht nach Aussage des Konzils in der Welt das priesterliche, prophetische und königliche Amt Christi und setzt es fort. Durch die Aufnahme der ursprünglich reformatorischen Lehre von den drei Ämtern Christi wird deutlich gemacht, daß alle Vollmacht in der Kirche, also ihre priesterliche, prophetische und königliche Dimension, dem Volk Gottes als ganzem anvertraut ist und von ihm wahrgenommen wird. Diese Aussagen über das Volk Gottes, seinen priesterlichen Charakter, seine prophetische und königliche Vollmacht stehen in den grundlegenden Aussagen des Konzils über die Kirche, noch vor jeder Differenzierung in besondere Ämter oder Stände. „Alles, was über das Volk Gottes gesagt wurde (richtet sich) in gleicher Weise an Laien, Ordensleute und Kleriker“ (Kirchenkonstitution Nr. 30).

Alle, die in diesem Volk stehen, gehören zusammen, sie haben ein gemeinsames Ziel und ein gemeinsames Schicksal. Das Volk ist auf der Pilgerschaft, es ist ein wanderndes Gottesvolk, das seinem Ziel entgegengeht. Das Bild für die Kirche ist hier nicht mehr der Tempel, die Burg, die Festung gegen die anstürmenden Mächte des Bösen – so hatte man die Kirche in den Jahren vor dem Konzil vornehmlich verstanden, nach diesem Schema waren Kirchen auch gebaut worden. Jetzt erscheint Kirche unter dem Bild des Zeltes. Es soll deutlich werden, daß sie auf der Wanderschaft ist, daß alle gemeinsam einem Ziel entgegengehen, das schon erahnt wird, das wir aber noch nicht im Schauen, sondern nur im Glauben haben. Kirche hat hier auf Erden, so soll gezeigt werden, keine bleibende Stätte. Sie ist pilgerndes Gottesvolk, ecclesia semper reformanda; sie ist auf dem Weg und damit auch immer in der Gefahr des Strauchelns und der Verirrung. Selbst wenn sie von Gott her die Verheißung hat, ihr Ziel nicht aus dem Auge zu verlieren, schließt das Fehler und Sünde nicht aus. Die Kirche als Volk Gottes, so lehrt es das II. Vatikanische Konzil, hat auch Sünder in ihrer Mitte; sie gehören dazu. Über allen Differenzen innerhalb der Kirche, der verschiedenen Aufgaben, Funktionen und Ämter, der Verschiedenheit der Berufungen und der individuellen Heiligkeit, steht der Gedanke der Gemeinschaft. Kirche ist Gemeinschaft, Koinonia, und alle ihre Glieder sind aufeinander verwiesen. Die verschiedenen Fähigkeiten erweisen sich dadurch als geistgewirkte Charismen, daß sie beitragen zur Auferbauung der Gemeinde.

Nun aber findet sich im II. Vatikanum neben dieser Ekklesiologie der Communio, der Gemeinschaft, auch die Ekklesiologie des I. Vatikanums, geprägt durch Grundgegebenheiten wie Hierarchie, Amt und Unterordnung. Dieses Modell von Kirche hat in den Jahrzehnten nach dem Konzil die innerkirchliche Wirklichkeit in zunehmendem Maße geprägt. In manchen Entscheidungen ist der Eindruck entstanden, daß die Amtsträger allein für die Kirche zu sprechen beanspruchten und sich keineswegs an die altkirchliche Regel hielten, daß dies, was alle betrifft, auch von allen mitgetragen werden muß. Hier hat man sehr wohl ohne das Volk und in manchen Fällen ganz dezidiert gegen das Volk entschieden. Dadurch wurde erneut ein Bild vom Volk Gottes beschworen, in dem das Volk als die Gruppe jener erschien, die in der Kirche nichts zu sagen haben, die lediglich im Gehorsam entgegennehmen dürfen, was die lehrende Kirche ihnen vorschreibt. Die Laien fühlten sich als unmündige Glieder behandelt, denen wieder entzogen wurde, was ihnen, jedenfalls vom Prinzip her, im II. Vatikanum zugebilligt worden war.

Im Verlauf dieses Prozesses hat sich in den Begriff „Volk Gottes“ eine Tendenz eingeschlichen, die zu Problemen und Mißverständnissen führte. Aus dem Bereich der Soziologie und der politischen Theorien sind wir es nämlich gewohnt, den Begriff „Volk“ primär anzuwenden für das einfache Volk, die schlichten, normalen Leute, oder auch für die Klasse der Unterdrückten, der Ausgebeuteten, derer, die nichts zu sagen haben. Hier steht dieser Begriff im Rahmen eines Klassendenkens. Das Volk, verstanden als die Gruppe derer, die keine Entscheidungskompetenz haben, trat damit in einen Gegensatz zur Hierarchie. Ähnlich wie in den Staaten des sogenannten Ostblocks, wo die Bevölkerung mit dem Anspruch: „Wir sind das Volk“ gegen bestehende Strukturen aufbegehrte, gab es auch in der Kirche das Verständnis, daß „Volk Gottes“ in Spannung steht zur Hierarchie, zu Amt und Autorität. Man sprach von der „Kirche des Volkes“ und sah diese in Opposition zur sogenannten „Amtskirche“. Die Volkskirche erschien als „Kirche von unten“, die sich gegen die „Kirche von oben“ durchsetzen mußte, und dies durchaus auch mit kämpferischen Mitteln. Vor allem in den Basisgemeinden glaubte man Kirche in den kleinen Leuten, in den Armen, in der Klasse der Unterdrückten und Entrechteten erwachen zu sehen. Der „Amtskirche", der „Obrigkeitskirche", der „Kirche von oben", wie sie genannt wurde, stand man dann oft kritisch gegenüber.

Wir können hier eine Verschiebung feststellen. Das Konzil hatte den Begriff „Volk Gottes" verwendet, um die Einheit und Gemeinschaft aller in der Kirche zu umreißen, um darzulegen, daß jeder seinen eigenen, ursprünglichen und unableitbaren Platz in der Kirche hat. In der Folgezeit wurde daraus eher eine Formel der Konfrontation oder gar der Ausgrenzung, wo sich nun eine Kirche von unten emanzipatorisch gegen eine Kirche von oben wandte, eine Basiskirche von der Amtskirche absetzte.

Nachdem der Begriff „Volk Gottes" diese Bedeutungsverschiebung durchgemacht hat und jetzt oft weniger Einheit als Konfrontation auszudrücken scheint, gilt es nun, die ursprüngliche Bedeutung dieses Begriffs wieder neu zur Geltung zu bringen: Volk Gottes als Communio, als Gemeinschaft, wiederzuentdecken. In dieser Gemeinschaft wirken die verschiedenen Funktionen, Aufgaben und Charismen zusammen, sie sind nicht voneinander herzuleiten, wohl aber einander verpflichtet und füreinander da. Der Gedanke der Communio, der Gemeinschaft, sollte konkret das Verhältnis von Universalkirche und Ortskirche, von Papst und Bischöfen, von kirchlichem Lehramt und Theologen, und nicht zuletzt von Laien und Amt bestimmen. Noch vor jeder Differenzierung in verschiedene Aufgaben und Vollmachten gehören zunächst einmal alle Glieder des Volkes Gottes zusammen; sie sind aufeinander verwiesen und angewiesen. Alle haben Teil an dem einen großen Auftrag, die Botschaft Christi unserer Welt zu vermitteln. Jeder hat das Recht und die Pflicht, an dieser Aufgabe mitzuwirken, und das, weil er Glied am Volk Gottes ist und zu dieser Gemeinschaft gehört.

Nicht zuletzt ist dieser Gedanke der Communio im Volk Gottes bedeutsam für das ökumenische Gespräch. Als ökumenisches Ziel erscheint hier eine Kirche als Gemeinschaft von Kirchen, die alle ihre gewachsene Identität beibehalten können und sollen, die also nicht in einer Überorganisation nivelliert und aufgelöst werden, sondern die im Rahmen einer solchen Gemeinschaft ihre geschichtlich gewachsene Gestalt bewahren sollen. Angestrebt wird nicht die Einheitskirche, nicht die Rückkehr nach Rom, sondern die Gemeinschaft von Kirchen, die ihre verschiedenen Traditionen am Leben halten, sie aber in diese größere Gemeinschaft einbringen, wo die Verschiedenheiten sich gegenseitig anerkennen und Unterschiede der Bereicherung dienen. Kirche als Volk Gottes ist Einheit in Vielfalt. Es sollen nicht alle Unterschiede aufgelöst und alle Spannungen abgebaut werden. Vielmehr gilt es, die Spannungen auszuhalten, Differenzen miteinander zu versöhnen, damit sie nicht erstarren lassen, sondern das Leben in der Gemeinschaft des Volkes Gottes befördern, anregen und stärken. Diese Theologie des Volkes Gottes widerspricht nicht der Aussage, daß es in der Kirche verschiedene Dienste und Ämter geben muß, die bestimmte Aufgaben zu vollziehen haben. Ohne diese Ämter wäre das Volk nicht das Volk Gottes, nicht die Kirche. Dies gilt vor allem für das durch Ordination verliehene Amt. Aber diese Ämter stehen im Volk Gottes, im Laós, nicht über ihm. Und nichts berechtigt, jene, die kein Amt haben, als „Volk" und „Laien" im negativen Sinn abzuqualifizieren. Aus der ‚Ordination' der einen darf nicht eine ‚Subordination' der anderen werden.

Die Kirche ist nicht in eine lehrende und eine hörende und gehorchende Kirche aufzuteilen. Als ganze bewahrt sie den Glauben und gibt ihn weiter, als ganze spendet sie die Sakramente und als ganze vollzieht sie ihren Dienst in der Welt. Was alle betrifft, muß, wie es in der Alten Kirche formuliert wurde, auch von allen entschieden werden. Wenn man die Kirche aufteilt in einen Klerus, der entscheidet, und einen Laienstand, der gehorcht und bestenfalls berät, widerspricht man dem Bild vom Volk Gottes, wie es die Heilige Schrift aufzeichnete, die Alte Kirche lebte und das II. Vatikanische Konzil wieder aufgegriffen hat.

Kollegialität in der Kirche: Wie steht es damit?

von Georg Denzler

Wer im „Lexikon für Theologie und Kirche“ (1961, Bd. VI, K–M) einen Artikel über Kollegialität, d. h. über das Verhältnis zwischen Papst und Bischöfen, sucht, der sucht vergebens. Und doch stand dieses Thema im Brennpunkt vieler Diskussionen des nur ein Jahr später beginnenden II. Vatikanischen Konzils (1962-65). Wie schwierig es ist, ein nützliches Gleichgewicht in den Beziehungen zwischen Primat und Episkopat herzustellen, beweisen die Dokumente dieses Konzils deutlich genug. Ob dies immer so schwierig gewesen ist in der fast zweitausendjährigen Geschichte der Kirche?

Wenn wir die Bibel des Neuen Testaments lesen und das Leben der frühen Kirche betrachten, ist von den späteren Spannungen und Kämpfen, die sich mit dem Papsttum verbinden, kaum etwas zu vernehmen. Walter Kasper konstatierte unumwunden: „Bekanntlich können Primat und Unfehlbarkeit des Papstes aus der Schrift und aus der frühen Tradition mit den Mitteln heutiger historisch-kritischer Methoden nicht direkt abgeleitet werden.“[1)]

Tatsächlich wurden die judenchristlichen Gemeinden in den ersten Jahrhunderten kollegial geleitet. Die hellenistischen Kirchengemeinden dagegen richteten sich, der Vorstellung des Apostels Paulus entsprechend, mehr nach der Autorität der Charismatiker. Allein schon diese Verschiedenheit erlaubt den Schluß, daß der irdische Jesus keinerlei Vorschriften für den Aufbau von Gemeinden ausgegeben hat.

Das kollegiale Bewußtsein offenbarte sich besonders bei Synoden und erwies sich als ein Wesenselement der Kirche. Bereits um die Mitte des 2. Jahrhunderts kamen in Kleinasien Bischöfe aus einer oder mehreren Provinzen zusammen, um wichtige Angelegenheiten ihrer Kirchen gemeinsam zu beraten und die nötigen Beschlüsse zu fassen, z. B. über den Termin des Osterfestes oder die Irrlehre des Priesters Montanus. Am Ende dieses Jahrhunderts hören wir von Versammlungen, die auf Initiative des römischen Bischofs Viktor an verschiedenen Orten im Morgen- und Abendland stattfanden. Daran nahmen neben Bischöfen auch Priester und Laien teil. Vor allem in Nordafrika gab es unter Bischof Cyprian von Karthago († 258) ein reges synodales Leben. Dieser Martyrerbischof unterschied sich nicht nur in der Häretikertaufe von der römischen Kirche, er lehnte die Autorität Roms über die ganze Kirche prinzipiell ab.

Das Konzil als höchste Instanz

Eine Reihe von Synoden fand auf überprovinzialer Ebene statt, meist in den Metropolen Antiochien, Alexandrien und Rom. Daraus entwickelten sich die Patriarchalkonzilien. Zwischen dem „Patriarchat" Rom, zu dem das ganze Abendland zählte, und den östlichen Patriarchaten Jerusalem, Alexandrien, Antiochien und Konstantinopel bestanden im allgemeinen gute Kontakte. Unter den Provinzial- und Regionalsynoden ragen die acht Allgemeinen oder Ökumenischen Konzilien hervor; sie wurden ausnahmslos vom Kaiser einberufen und tagten auch im Osten; aus ihren Definitionen erwuchs unser Glaubensbekenntnis. Der Bischof von Rom war zwar durch Legaten vertreten, doch weder der Kaiser noch die Bischöfe hielten eine ausdrückliche Bestätigung der Konzilsdekrete durch den „Papst" in Rom oder auch nur durch seine Gesandten für notwendig. Das Ökumenische Konzil stellte unbestritten die höchste Instanz für alle Kirchen im Osten wie im Westen dar.

Allerdings strebten einzelne römische Bischöfe schon im 4. Jahrhundert nach einer Vorrangstellung für die Ecclesia Romana. Mit Berufung auf das Jesus-Wort „Du bist Petrus, der Fels, und auf diesen Felsen will ich meine Kirche bauen" (Mt 16,18) beanspruchte Papst Damasus (366-384) den Primat der Kirche von Rom, die vom Apostel Petrus gegründet sei. Sein Nachfolger Siricius (384-399) verzichtete mehr und mehr auf Bitt- und Ermahnungsschreiben an Bischöfe und erließ dafür Dekretalien.

Im Gegensatz zu solchen Ansprüchen wies Papst Gregor (I.) der Große (590-604) das Attribut „ökumenisch" nicht nur für den Titel des Patriarchen zurück. Kein Bischof sollte es wagen, sich zu einem Superbischof aufzuwerfen. Wie kollegial, besser: wie brüderlich dieser Papst gesinnt war, bezeugen am eindrucksvollsten seine Worte in einem Schreiben an Patriarch Eulogios von Alexandrien: „Du richtest Dich an mich mit den Worten: Wie Du befohlen hast. Ich bitte Dich, dieses Wort ‚befohlen' zurückzunehmen und nicht auf mich zu beziehen, denn ich bin mir bewußt, wer ich bin und wer Du bist. Der Würde nach bist Du mein Bruder, der Tugend nach mein Vater... Doch in der Anschrift Deines Briefes legtest Du mir leider den stolzen Titel Universalpapst bei. Ich bitte Dich, das nicht mehr zu tun, denn das, was Du einem andern über Gebühr hinaus beilegst, ist Dir genommen. Ich betrachte eine Ehre, wodurch meine Brüder die ihre verlieren, nicht als Ehrung." Während das 1. Vatikanum die soeben zitierten Sätze unterschlug, führte es den unmittelbar folgenden zum Beweis für den Primat des römischen Bischofs sehr wohl an: „Meine Ehre ist die Ehre der gesamten Kirche. Meine Ehre ist die volle Lebenskraft meiner Brüder. Dann bin ich in Wahrheit geehrt, wenn allen einzelnen die schuldige Ehre erwiesen wird."[2)]

Kluft zwischen West und Ost

Doch nicht diese kollegiale Gesinnung und Haltung setzte sich durch. Meist ist nur davon die Rede, daß der Bischof von Rom als Papst über allen Bischöfen steht und die höchste Gewalt über die Gesamtkirche besitzt. Dieser Anspruch auf universale Kompetenz begegnet uns bereits bei Nikolaus I. (858-867), wenn er behauptet, seine Vollmachten nicht einer Synode, sondern allein Christus zu verdanken, der seine Gewalt dem Petrus und seinen Nachfolgern übertragen habe. Während päpstliche Dekrete für die gesamte Kirche Geltung besäßen, erlangten die Beschlüsse einer Synode erst mit Zustimmung des Papstes Rechtskraft. In den Synoden und Konzilien sah dieser Papst kaum mehr als bloße Ausführungsorgane seiner Entscheidungen. Kein Wunder, daß unter seinem Pontifikat die menschliche Atmosphäre im Verkehr mit den Ostkirchen frostig wurde, zumal da der römische Primat auch für alle morgenländischen Kirchen gelten sollte. Rivalitäten zwischen Ignatios und Photios um den Patriarchenstuhl von Konstantinopel boten Nikolaus I. eine willkommene Gelegenheit, sein oberstes Schiedsrichteramt vor der ganzen Kirche unter Beweis zu stellen. Wenn die östlichen Hierarchen dem Bischof von Rom eine spezielle Autorität zubilligten, geschah es immer nur im Rahmen ihres kollegialen Kirchenbegriffs. Als aber Päpste wie Gregor VII. (1073–1085) zielstrebig begannen, ihre Vorrangstellung gegenüber allen Kirchen energisch zu behaupten, reagierten die Patriarchen und Bischöfe im Osten mit entschiedenem Protest. So kam es fast zwangsläufig zu jenem radikalen Bruch zwischen Ost- und Westkirchen, der nach dem Photianischen Schisma im 8. Jahrhundert bei dem unheilvollen Zusammenstoß zwischen dem Patriarchen Kerullarios von Konstantinopel und drei päpstlichen Legaten im Jahre 1054 einen weiteren Tiefpunkt erreichte und später wegen der schlimmen Ereignisse im Verlauf der Kreuzzüge endgültig wurde und bis heute andauert. In jenen Jahrhunderten galt als eiserne Regel: Je stärker sich der römische Primat durchsetzte, desto mehr vergrößerte sich die kirchliche Kluft zwischen West und Ost.

Papst: Machtfülle einzementiert

Doch das größte Hindernis für eine Vereinigung der römisch-katholischen Kirche und der von ihr getrennten Kirchen errichtete erst das 1. Vatikanische Konzil (1869-70) mit den Dogmen vom Universalprimat und von der Unfehlbarkeit des Papstes. Was haben doch Theologen und Kanonisten bis in unsere Tage an Interpretationskünsten aufgewendet, um diese von vielen Gläubigen, Priestern wie Laien, abgelehnten Glaubenssätze so zu deuten, daß sie weniger anstößig erscheinen!

Zur Beruhigung der Gemüter verwies man damals auf die Erklärung des deutschen Episkopats zur Zirkulardepesche des Reichskanzlers Bismarck vom Jahre 1872. Darin stellten die Bischöfe die Lage so dar, als habe das Konzil die absolute Machtfülle des Papstes tatsächlich zugunsten der bischöflichen Autonomie eingeschränkt. Die kuriale Regierungspraxis indes kümmerte sich um solche Beschwichtigungsversuche, die letztlich doch politisch motiviert waren, überhaupt nicht. Für die Kirchenzentrale in Rom galt vielmehr, was Kardinalstaatssekretär Jacobini in einem Schreiben vom 13. April 1885 an Nuntius Cattani in Madrid unmißverständlich zum Ausdruck brachte: Aus den Dogmen des 1. Vatikanums folgt „1. daß der römische Papst kraft des Primats der wahre Hirte und Bischof der allgemeinen Kirche ist; 2. daß er immer und bei jeder Gelegenheit in alle Angelegenheiten jeder Diözese autoritativ eingreifen kann; 3. daß die Bischöfe in allen Angelegenheiten, in die der Papst eingreift, zu gehorchen und seinen Entscheidungen sich zu unterwerfen verpflichtet sind.“[3)]

Das 1918 in Kraft getretene Kirchliche Gesetzbuch atmet denselben Geist. Und selbst in dem nach dem II. Vatikanum revidierten Codex Iuris Canonici von 1983 ist an der dem Episkopat übergeordneten Position des Papstes nichts verändert.

Die „Verpäpstlichung Jesu“

Besorgt hatte schon der Katholik Franz von Baader (1765–1841), Professor für Philosophie an der Universität München, vor einer „Verpäpstlichung Jesu“ (papificatio Jesu Christi) gewarnt. Diese Mentalität verriet Jahrzehnte später noch Papst Pius XI., wenn er in einer Ansprache vom 10. Februar 1925 bekannte: „Nicht um Unsere Person handelt es sich, die nicht in Betracht kommt und kommen darf, sondern um den Heiligen Stuhl, auf dem in der Person ihres unwürdigen Stellvertreters gleichwohl stets die göttliche Majestät Unseres Herrn Jesus Christus thront.“[4)]

Der berühmte Münchener Kirchenhistoriker Ignaz von Döllinger (1799–1890) plädierte, wie auch der Konstanzer Generalvikar Ignaz Heinrich von Wessenberg (1774–1860) und der Tübinger Moraltheologe Johann Baptist Hirscher (1788–1865), für eine Wiederbelebung der Synoden auf nationaler Ebene. 1829 schrieb er: „Das richtige und wohlgeordnete Verhältnis der Bischöfe zum Papste, das richtige, wohlgeordnete Verhältnis der Nationalkirchen zur allgemeinen Kirche: Das sind die großen Probleme, welche unsere Gegenwart zu beschäftigen haben.“ Doch in Rom witterte man sogleich Verdacht wegen Untreue gegenüber dem Papst und Abspaltung von Rom, obwohl Döllinger nichts anders als eine enge kollegiale Zusammenarbeit der Bischöfe wünschte: „Zugunsten einer Nationalität, oder, besser gesagt, zugunsten eigener größere Unabhängigkeit die Einheit aufheben, ist, sich selbst zerstören: einen unbedingten Einfluß des Oberhauptes gestatten, der durch keinen Verein einer Nationalkirche beschränkt und gemildert wird, ist unweise.[5)]

Absolutistische Herrschaft, ob in Kirche oder Staat, zählte für Döllinger zu den größten Gefahren, die einer Gemeinschaft drohen können. Kein Wunder, daß er gegen das päpstliche „Ermächtigungsgesetz“ des 1. Vatikanums, schon während es als drohendes Gewitter über der Kirche stand, offen protestierte und nach seiner Exkommunikation (1871) in diesem Gewissensprotest bis an sein Lebensende verharrte.

II. Vatikanum: „Unglückliche Formulierung“

Beim II. Vatikanischen Konzil sollte der durch die Dogmen von 1870 innerhalb der römisch-katholischen Kirche wie auch in ihrem Verhältnis zu den anderen Kirchen und kirchlichen Gemeinschaften angerichtete Schaden wiedergutgemacht, zumindest aber gemindert werden. Doch kaum ein anderes Verhandlungsthema bereitete so viel Schwierigkeiten wie das Kollegialitätsproblem. Hinter den vorgebrachten Bedenken und Einwänden stand stets die Sorge, der vom 1. Vatikanischen Konzil dogmatisierte Rechtsprechungs- und Lehrprimat des Papstes könnte durch eine zu starke Einbindung in das Bischofskollegium geschmälert oder gar in Frage gestellt werden.

Die Förderer der Kollegialitätsidee hingegen verwiesen auf Jesus, der einen Kreis von 12 Männern um sich geschart und ihnen die Verkündigung seiner Botschaft aufgetragen habe. Diese Sendung der Zwölf sei auf die Gesamtheit der Bischöfe übergegangen. „Das Kollegium der Bischöfe“, kommentierte der Konzilstheologe Joseph Ratzinger, „ist die nachapostolische Fortsetzung des Kollegiums der Zwölf.“[6)]

Und da die Struktur des geistlichen Amtes grundsätzlich kollegial sei, müsse auch die Sonderstellung des Papstes innerhalb des Kollegiums ihren Platz haben. Dies kam beim Konzil dadurch zum Ausdruck, daß der Papst die Beschlüsse des Konzils nicht, wie die Päpste im Hochmittelalter, als päpstliches Recht, sondern „gemeinsam mit den Konzilsvätern“ (una cum) in Kraft setzte, so daß sie faktisch und kanonistisch als kollegiale Beschlüsse gelten.

Allerdings enthält die Dogmatische Konstitution über die Kirche („Lumen gentium“, Art. 22) eine reichlich absolutistisch und somit unkollegial klingende Formulierung, wenn es heißt: „Der Bischof hat kraft seines Amtes als Stellvertreter und Hirt der ganzen Kirche volle, höchste und universale Gewalt über die Kirche und kann sie immer frei ausüben.“ Noch restriktiver lautet die Aussage in der auf Weisung des Papstes den authentischen Konzilsdokumenten beigefügten Nota praevia (Nr. 3): „Der Bischof von Rom geht bei der Leitung, Förderung und Billigung der kollegialen Betätigung in Ausrichtung auf das Wohl der Kirche nach eigenem Urteil vor.“ Und als ob diese Hervorhebung des päpstlichen Amtes noch nicht genügt hätte, heißt es im nächsten Satz (Nr. 4) verschärfend: „Der Papst als höchster Hirte der Kirche kann seine Vollmacht jederzeit nach Gutdünken ausüben, wie es von seinem Amt her gefordert wird.“ Joseph Ratzinger äußerte sich zu diesem allzu ängstlichen Beharren auf der Primatsstellung des Papstes vielsagend: „Das ad placitum bleibt (trotz der nachfolgenden Einschränkung) eine unglückliche Formulierung; man wird bedauern müssen, daß die Theologische Kommission hier nicht bei ihrem im Sommer formulierten Standpunkt verblieben ist.“[7]

Einspruch vom Osten

Unter den Theologen hält der Streit um die richtige Interpretation der Konzilsaussagen über die Kollegialität bis heute unvermindert an. Auf der einen Seite stehen jene Theologen, die der Überzeugung sind, daß die vom Vatikanum I höchst einseitig betonte Primatsstellung des Papstes durch die Kollegialitätslehre des Vatikanum II ins Gleichgewicht gebracht worden sei. Wer jedoch die betreffenden Texte unvoreingenommen liest, wird eher jenen Interpreten zustimmen, welche die Kollegialität des Papstes mit den Bischöfen von der päpstlichen Vorrangstellung bestimmt sehen.

Jedenfalls fällt es nicht schwer, einzelne Sätze, die für das kollegiale Element der Kirche, insbesondere des Episkopats (incl. Papst) ins Feld geführt werden können, mit anderen Sätzen, welche die erste und letzte Entscheidungsvollmacht des Papstes unterstreichen, zuzudecken. Konkret bedeutet dies: Die oberste und volle Gewalt der Bischöfe (suprema et plena potestas iurisdictionis) wird in Schach gehalten durch die „umfassende“ (universalis) Gewalt des Papstes (Art. 22).

Folglich kann der Papst die von Gott unmittelbar stammende Gewalt des Bischofs in seiner Diözese jederzeit ausschalten, wenn ihm dies im Blick auf die Gesamtkirche notwendig erscheint. Auf welch schwachen Füßen die Selbständigkeit der Ortsbischöfe tatsächlich steht, offenbarten die betrüblichen Vorgänge bei der Ernennung und auch Absetzung von Bischöfen durch den Papst in den letzten Jahren in erschreckendem Maß.

Beim II. Vatikanischen Konzil selbst fehlte es nicht an Prälaten, die gegen den traditionellen Machtanspruch Roms aufbegehrten und für eine konzilare Kollegialität eintraten, wie sie für das ganze erste Jahrtausend der ungeteilten Kirche charakteristisch ist. Unter den ostkirchlichen Würdenträgern erregten vor allem Erzbischof Elias Zoghby, melchitischer Patriarchalvikar für Ägypten, und Maximos IV. Saigh, melchitischer Patriarch von Alexandrien, ungewöhnlich großes Aufsehen: den einen zur Freude und den anderen zum Ärgernis. „In unserer Zeit, in der die katholische Kirche sich für die Gemeinschaft mit den orthodoxen Kirchen des Ostens zugänglicher zu machen sucht und sich auf einen ökumenischen Dialog vorbereitet," gab Erzbischof Zoghby zu bedenken, „kann das Zweite Vatikanische Konzil den Kirchen des Ostens kein anderes System der Kirchenverfassung vorlegen als das synodale, das heißt, ein System von wirklichen und wirksamen Bischofskonferenzen. Von lediglich beratenden Konferenzen zu sprechen, heißt von vornherein jeden Dialog zum Scheitern verurteilen."[8)]

Bischofssynode: Beweis päpstlicher Unkollegialität

Damit kommen wir zu den praktischen Folgen, welche die vom Konzil so hochgerühmte Kollegialität zeitigen müßte, auch wenn diese aus den Texten selbst nicht so streng und eindeutig herauszulesen ist. Paul VI. gab bei vielen Gelegenheiten zu erkennen, wie ernst es ihm mit der Verwirklichung einer kollegialen Kirche war. Wenn er bei der Geburtenplanung mit der Enzyklika „Humanae vitae" einen Gegenbeweis lieferte, sollte man ihm dies nicht als allgemeine Haltung auslegen, eher als ängstlichen Tribut an die Tradition. Einer Anregung des Konzils folgend, rief Paul VI. die Bischofssynode ins Leben. Mit dieser neuen Institution soll die Allgemeine Bischofsversammlung sozusagen als Mini-Konzil in kürzeren Tagungsabständen fortgesetzt werden. Der Bischofssynode haftet jedoch das gravierende Manko an, daß sie nur beratenden Charakter hat und selbst ihre Verhandlungsthemen allein vom Papst festgelegt werden. Bei Johannes Paul II. hat man überdies große Mühe, in der die Ergebnisse einer bestimmten Bischofssynode zusammenfassenden Verlautbarung (Enzyklika, Apostolisches Schreiben) auch nur die hauptsächlichen Absichten der Synodalen wiederzuerkennen. So gesehen, ist die Bischofssynode eher ein Beweis für päpstliche Unkollegialität. Der Würzburger Dogmatiker Alexander Ganoczy urteilte schon nach der ersten Bischofssynode (1969): „Es gibt keine ‚korporative' Tätigkeit des Leibes ohne das Haupt, noch eine ‚kapitale' Tätigkeit des Hauptes ohne den Leib. Dieses Ideal der Wechselseitigkeit wird solange nicht wirklich erreicht, wie die Bischofssynode ein rein beratender Organismus ohne Entscheidungsbefugnis bleibt.[9)]

Es steht doch nichts im Wege, daß Papst und Bischöfe während der Sitzungsperiode gemeinsam beschließen und ihre Beschlüsse unmittelbar danach publizieren.

Die Bischofssynode als Vertretung des Weltepiskopats sollte nicht bloß bei der Lösung wesentlicher, die ganze Kirche betreffender Probleme entscheidend mitwirken, sondern auch an der Wahl eines neuen Papstes mitbeteiligt sein. Daß die Papstwahl seit dem 11. Jahrhundert nur durch die Kardinäle erfolgt, ist problematisch auch insofern, als diese immer nur vom Papst selbst kreiert werden und deshalb nicht ohne weiteres als Repräsentanten von Ortskirchen angesehen werden können.

Die Bischofsernennungen und die Rolle der Nuntien

Dies führt uns zu dem besonders akuten Problem der Auswahl und Ernennung neuer Bischöfe. Bis zum Ende des Mittelalters, mancherorts noch viel später, wurden Bischofsstühle weithin ohne jede Mitwirkung des Papstes besetzt. Da aber der Bischof in erster Linie für seine Diözese Bischof ist, müßte er sich auch auf das Vertrauen seiner Diözesanen, zumindest der Mehrheit von ihnen, stützen können. Um dies von Anfang an zu garantieren, wäre eine wesentliche Voraussetzung, daß der gesamte Klerus des Bistums und wenigstens eine Vertretung der Laien an der Bestellung eines neuen Bischof mitwirken.

So war es übrigens schon in der frühen Kirche, wie Papst Leo I. (440-461) selbst bestätigt: „Wenn es sich um die Wahl des Hohenpriesters handelt, soll man allen den vorziehen, auf den sich in einträchtigem Verlangen die übereinstimmende Meinung von Klerus und Volk gerichtet hat. Nur achte man darauf, daß niemand von denen geweiht werde, die man nicht gewollt und erbeten hat, damit das Volk, dessen Ansicht man überging, seinen Bischof nicht mißachtet und ablehnt, und damit im Volk die Religion nicht mehr abnehme, als es zuträglich ist, weil es nicht den zum Bischof haben konnte, den es selber gewollt hat.“[10)]

Karl Rahner meinte dazu grundsätzlich: „So sehr jeder römisch-katholische Bischof der Zustimmung des Papstes in Rom bedarf, so wenig ist damit gesagt, daß eine solche Bischofsernennung einfach nur durch römische Instanzen allein vorgenommen werden müßte.“[11)]

Dasselbe gilt freilich auch für die Abberufung eines Bischofs, vielleicht auf dem Weg eines Mißtrauensvotums, wenn der Bischof sich bei der Leitung seines Bistums als unfähig erweist, weil er z. B. wie ein unfehlbarer Papst oder absoluter Herrscher regiert.

Einen nicht geringen Störfaktor im kollegialen Getriebe der Kirche bildete zu allen Zeiten das päpstliche Nuntiaturwesen. Die Römische Kurie legt offensichtlich noch heute mehr Wert auf Informationen durch Nuntien als durch einzelne Bischöfe oder ganze Bischofskonferenzen, obwohl doch die Nuntiaturen ausschließlich Vertretungen des Hl. Stuhls bei den Regierungen sind. Nur allzu oft schon betätigen sich Nuntien als Denunzianten, wie Bischöfe beim II. Vatikanischen Konzil und bei anderen Gelegenheiten offen beklagt haben.

Die Kollegialität der Kirche darf sich freilich nicht im Verkehr zwischen Papst und Bischöfen erschöpfen; sie bleibt eine halbe Sache, wenn sie nicht ebenso im Verhalten der Bischöfe zu ihren Gläubigen, Priestern wie Laien, wirksam wird. Die Bischöfe sind gewiß zuerst auf die Zusammenarbeit mit ihren Domkapiteln angewiesen; nicht minder wichtig aber müßten ihnen die Meinungen von Theologen, Pfarrern und Laien erscheinen, denn Gottes Geist wirkt überall und nicht nur in den höheren Amtsträgern. Und was von den Bischöfen zu verlangen ist, muß ebenso für die Pfarrer gegenüber ihren Gläubigen gelten.

Schon der Jesuit und Kardinal Robert Bellarmin († 1621) hat inmitten der Wirren des sogenannten Gnadenstreits auf die große Bedeutung theologischer Ratgeber für den Papst hingewiesen. In einem offenen Brief schrieb der Jesuit an Paul V.: „Wenn es eine Angelegenheit des Glaubens ist, dann geht sie alle an, wie Papst Nikolaus gesagt hat; es geziemt sich, sie in eine öffentliche Beratung zu bringen und sie nicht mit wenigen und insgeheim auszuhandeln ... Es ist daher nach all dem Studium und der Mühe Eurer Heiligkeit angebracht, zu einer öffentlichen Beratung zu kommen, zu einer Bischofssynode oder wenigstens zu Zusammenkünften von Professoren der verschiedenen Universitäten."[12)]

Konfliktreich war zu allen Zeiten die Arbeit der Theologen, wenn sie wissenschaftliche Redlichkeit höher schätzten als kritiklose Unterwerfung unter das kirchliche Lehramt. Seit 1979 genügt es nun nicht mehr, daß der zuständige Bischof das „Nihil obstat" für die Berufung eines Theologieprofessors erteilt. Erst wenn die Zustimmung der Kongregation für die Glaubenslehre in Rom vorliegt, darf ein Theologieprofessor ernannt werden. Dabei handelt es sich doch auch hier zuerst um eine Aufgabe der Ortskirchen, die das II. Vatikanum bekanntlich aufwerten wollte. Inzwischen wurde eine Vielzahl von Vollmachten, die bis dahin dem Papst vorbehalten waren, den Bischöfen übertragen. Im Fall des „Plazet“ für Theologen jedoch beansprucht die vatikanische Glaubenskongregation eine Kompetenz ganz neu und bekundet damit gleichzeitig, daß sie den Ortskirchen nicht traut.

Weg von den Anachronismen!

Eine überzeugende Wende in den Beziehungen zwischen der Kirchenzentrale in Rom und den Ortskirchen in aller Welt erfolgt erst dann, wenn der Papst und seine Kurie den Bischofskonferenzen nicht nur in diesem Punkt mehr Selbständigkeit zubilligen. Auch wenn diese Versammlungen der Bischöfe nicht göttlichen Rechts sind – die Allgemeinen Konzilien übrigens auch nicht –, so gibt es doch „wichtige theologische Grundlagen, die in ähnlicher Weise für die Bischofskonferenzen gelten wie für die Konzilien.“[13)]

Nach dem geltenden Kirchenrecht sind diese Bischofskonferenzen auf nationaler oder regionaler Ebene lediglich Beratungsgremien, wenn es um Themen und Probleme geht, die sich auch auf die Gesamtkirche beziehen. In all diesen Fällen wollen die päpstlichen Behörden allein den Kurs bestimmen. Mit dem Zauberwort „gesamtkirchliches Interesse“ werden die Ortskirchen zum Schweigen und zur Tatenlosigkeit verurteilt. Sobald der Papst eine bestimmte Streitfrage entschieden hat, bleibt den Bischöfen und Theologen kein anderer Weg, als die von Rom ausgegebene Weisung ohne Abstriche zu bejahen und zu verteidigen. Die Enzyklika „Humanae vitae“ Pauls VI. ist der sprechendste Beweis dafür, daß der Kollegialität des Papstes mit Bischöfen und Theologen doch enge Grenzen gezogen sind.

Von solidarischer Mitverantwortung in der Kirche kann erst dann die Rede sein, wenn alle Kirchenglieder entsprechend ihren Fähigkeiten das Recht nicht bloß auf Mitwirkung, sondern auch auf Mitbestimmung eingeräumt wird. Dies gilt für die Bischöfe gegenüber dem Papst ebenso wie für die Priester gegenüber den Bischöfen und für die Laien gegenüber den Pfarrern. Die Kollegialität der Kirche muß sich auf allen Ebenen im täglichen Zusammenspiel bewähren.

Die Zeiten der Könige von Gottes Gnaden sind vorüber, aber leider immer noch nicht die Zeichen und Beweise eines päpstlichen Absolutismus und einer bischöflichen Monarchie.

Wenn die Kirche inmitten einer demokratischen Umwelt weiterhin an autoritären, unkollegialen Formen und Gestalten festhält, wird sie als ein anachronistisches Gebilde bald nur noch museales Interesse erwecken. Davor möge Gott die Kirche bewahren!

Anmerkungen:

1) Walter Kasper: Ein Angriff auf die katholischen Prinzipien des Ökumenismus. Anmerkungen zu einer absurden Polemik, in: Theologische Quartalschrift 162 (1982) 65
2) Migne: Patrologia latina, Bd. 77, Spalte 952
3) Carl Mirbt: Quellenkunde zur Geschichte des Papsttums, Tübingen 1934, S. 465, Anm. 2
4) L'Osservatore Romano, 9./10. Februar 1925
5) Ignaz von Döllinger: Staat und Kirche, in: Eos 13 (1829) 559
6) Joseph Ratzinger: Das Konzil auf dem Weg, Köln 1964, S. 34
7) Joseph Ratzinger: Kommentar, in: Lexikon für Theologie und Kirche. II. Vatikanisches Konzil, Bd. I, Freiburg 1966, S. 357
8) Johann Christoph Hampe (Hg): Autorität der Freiheit, Bd. II, München 1967, S. 352
9) Alexander Ganoczy: Wie kann die Kollegialität dem Päpstlichen Primat gegenüber aufgewertet werden?, in: Concilium 7 (1971) 272
10) Migne: Patrologia latina, Bd. 54, Spalte 312
11) Karl Rahner: Im Gespräch, hrsg. v. Paul Imhof u. Hubert Biallowons, Bd. 2, München 1983, S. 250
12) X.-M. Le Bachelet: Auctarium Bellarminiarum, Paris 1913, S. 145–147; vgl. Publik, Nr. 8, 20.1.1970
13) Yves Congar: Herbstgespräche, Erinnerungen und Anstöße, hrsg. v. Bernard Lauret, München/Zürich/Wien 1988, S. 21 f.

Liturgie – gelebter Glaube

von Franz Nikolasch

Wir sehen uns heute in der katholischen Kirche mit Tendenzen konfrontiert, die darauf hinauslaufen, die Bedeutung des II. Vatikanischen Konzils herunterzuspielen, zu minimalisieren: Es sei nur eines in der langen Reihe ökumenischer Konzilien gewesen, es müsse im Lichte der vorausgegangenen Konzilien interpretiert werden, es wäre „nur“ ein pastorales Konzil gewesen, ohne verpflichtende Glaubensaussagen, eine Episode in der Geschichte der Kirche; es habe nur Unruhe und Unordnung in eine wohlgefügte, klar gegliederte, hierarchisch strukturierte vollkommene Gesellschaft, die römisch-katholische Kirche heißt, gebracht. Damit aber noch nicht genug, es gibt höchst einflußreiche Kreise in der Amtskirche, für die das Konzil möglichst rasch der Vergessenheit anheimfallen soll. Kardinal Suenens, eine der ganz großen Persönlichkeiten am Konzil, kolportierte 1968 einen Ausspruch eines römischen Prälaten während des Konzils: „Lassen wir die Bischöfe reden, einmal werden sie doch nach Hause gehen, und wir werden dann die Verheerungen in Ordnung bringen, die das Konzil gebracht hat.“ Eine Reihe von amtskirchlichen Tendenzen geht in diese Richtung, Anzeichen dafür sind unübersehbar, wenn etwa Rom von Lefèbvre bei den Verhandlungen keineswegs die Anerkennung der Konzilsdokumente verlangte, sondern sich damit zufrieden geben wollte, daß Lefèbvre und seine Leute bereit sind, dieses Dokument zu „studieren“, oder wenn die Petrus-Bruderschaft die Erlaubnis bekommen hat, die vorkonziliare Liturgie uneingeschränkt zu verwenden, und in deren Studienhaus eine vorkonziliare Theologie mit römischer, ja päpstlicher Billigung gelehrt wird.

Derartigen Entwicklungen müssen wir uns mit aller Entschiedenheit widersetzen, denn nach allgemeiner Lehre gibt es für die Kirche keine höherrangigen Aussagen als die eines Konzils, und für uns stellt gerade das II. Vatikanische Konzil die entscheidende Weichenstellung für die Zukunft der Kirche dar. Nicht umsonst sprach Johannes XXIII. vom notwendigen „aggiornamento“ der Kirche, d. h. daß sie sich der heutigen Zeit und dem heutigen Menschen stellen muß und nicht den Fragen von heute mit Antworten von gestern begegnen darf.

Liturgie: Gelebter Glaube

In diesem Zusammenhang kommt der Liturgiekonstitution des Konzils allergrößte Bedeutung zu, da dieses Dokument wie kein anderes unmittelbare Auswirkungen auf das Leben der Gemeinden und jedes einzelnen Christen hat, und umgekehrt dieses Leben wiederum das Glaubensverständnis prägt und bestimmt. Ein alter Grundsatz sagt mit Recht: „Lex orandi legem statuit et credendi = das Gesetz des Betens bestimmt auch das Gesetz des Glaubens". Liturgie ist gelebter Glaube, das Glaubensverständnis konkretisiert sich in der Liturgie, und umgekehrt ist die Liturgie eine unverzichtbare Grundlage für das Glaubensverständnis.

Ein ganz entscheidender Faktor für die Fehlentwicklung des Glaubensverständnisses in den letzten Jahrhunderten und damit auch der Frömmigkeit war die Tatsache, daß die Liturgie als Quelle der Glaubenserkenntnis und als Ort des Glaubensvollzugs in Vergessenheit geraten war.

Wiederholt erklärt das Konzil, daß Liturgie Quelle und Gipfel des gesamten Lebens der Kirche darstellt; am deutlichsten kommt dies in der Liturgiekonstitution selbst zum Ausdruck: „Die Liturgie ist der Höhepunkt, dem das Tun der Kirche zustrebt und zugleich die Quelle, aus der all ihre Kraft strömt. Denn die apostolische Arbeit ist darauf hingeordnet, daß alle durch Glauben und Taufe Kinder Gottes geworden, sich versammeln, inmitten der Kirche Gott loben, am Opfer teilnehmen und das Herrenmahl genießen. Andererseits treibt die Liturgie die Gläubigen an, daß sie mit den österlichen Geheimnissen gesättigt, in Liebe eines Herzens sind, sie betet, daß sie im Leben festhalten, was sie im Glauben empfangen haben; wenn der Bund Gottes mit den Menschen in der Feier der Eucharistie neu bekräftigt wird, werden die Gläubigen von der drängenden Liebe Christi angezogen und entzündet. Aus der Liturgie, besonders aus der Eucharistie, fließt uns wie aus einer Quelle die Gnade zu; in höchstem Maß werden in Christus die Heiligung der Menschen und die Verherrlichung Gottes verwirklicht, auf die alles Tun der Kirche als auf ihr Ziel hinstrebt" (Art. 10)

Gottesdienst mehr als Pflichterfüllung

Liturgie ist aber nicht nur Quelle, sondern auch Höhepunkt des gesamten Lebens der Kirche. Gott ist es, der die Initiative hat, dessen Wirken in der Liturgie an erster Stelle steht, und nicht der Mensch. Erst der von Gottes Heil und Liebe getroffene Mensch kann sich zu diesem Gott hinwenden und ihm Lob, Dank und Ehre erweisen, wie auch ihn bitten, kurzum alle Akte zu vollziehen, die sich auf Gott beziehen und sich an ihn richten. In vielen Hochgebeten kommt dies in den Worten zum Ausdruck: „Von deinen Geschenken und Gaben bringen wir dir dar!"

In dieser Betonung des Dialogcharakters der Liturgie und des Primates von Gottes Heilshandeln an uns in Jesus Christus gegenüber dem Handeln des Menschen vor und für Gott steht unser heutiges Liturgieverständnis in diametralem Gegensatz zum vorkonziliaren Verständnis, das Liturgie als den „öffentlichen Kult" verstand, der „Gott, den Heiligen und den Seligen zukommt" (CIC 1917 can. 1255). Dieses Liturgieverständnis hatte ausschließlich das Tun des Menschen zum Inhalt. Gott wird als der gesehen, der auf dieses Tun des Menschen antwortet und es belohnt; er ist der „gerechte Richter, der das Gute belohnt und das Böse bestraft". Mit einer solchen Sicht wird einem Verdienstdenken und einer Werkgerechtigkeit Vorschub geleistet: Gottesdienst wird Pflichterfüllung und Leistung des Menschen, „Dienst gegenüber Gott". Für das Konzil und damit für die erneuerte Liturgie steht hingegen Gottes Wirken im Mittelpunkt: sein Heilsangebot und die Gegenwärtigung dieses Angebotes in Christus. Das Tun des Menschen ist die Antwort auf das, was Gott uns in seinem Sohn erweist. Liturgie ist somit Dialog zwischen Gott und Mensch, wobei Gott die Initiative hat und der Mensch erst durch Gottes Wirken zur Antwort befähigt wird. Liturgie ist nicht zuerst menschliches Werk, seine Leistung und sein Verdienst, nicht Erfüllung von Verpflichtungen, nicht zuerst Dienst gegenüber Gott, sondern Gegenwärtigung der Erlösung und des Heiles in Jesus Christus, Dienst Gottes am Menschen. Wie das Heilsangebot Gottes an den Menschen sich in Christus Jesus verwirklicht, so auch die Antwort des Menschen, denn „durch ihn und mit ihm und in ihm" wird Gott alle Verherrlichung zuteil.

Liturgie ist gegenwärtigendes Gedächtnis, d. h. im Gedenken an die Heilsereignisse, vor allem an Christus und sein Schicksal, wird das, was Inhalt des Gedenkens ist, in der Feier auch gegenwärtig. Darauf nimmt die Liturgiekonstitution im folgenden Text Bezug: „Christus ist seiner Kirche immerdar gegenwärtig, besonders in den liturgischen Handlungen. Gegenwärtig ist er im Opfer der Messe, sowohl in der Person dessen, der den priesterlichen Dienst vollzieht – denn derselbe bringt das Opfer jetzt dar durch den Dienst der Priester, der sich am Kreuz selbst dargebracht hat – wie vor allem unter den eucharistischen Gestalten. Gegenwärtig ist er mit seiner Kraft in den Sakramenten, sodaß, wenn immer einer tauft, Christus selbst tauft. Gegenwärtig ist er in seinem Wort, da er selbst spricht, wenn die heiligen Schriften in der Kirche gelesen werden. Gegenwärtig ist er schließlich, wenn die Kirche betet und singt, er, der versprochen hat: „Wo zwei oder drei in meinem Namen versammelt sind, da bin ich mitten unter ihnen" (Art. 7). Durch diese Wiederentdeckung der entscheidenden Bedeutung des gegenwärtigenden Gedächtnisses beantworten sich viele Fragen und Auseinandersetzungen, die das Verhältnis zwischen den christlichen Konfessionen belastet haben, wie das Verhältnis der eucharistischen Gegenwart oder das Verhältnis von Opfer- und Mahlcharakter der Eucharistie in einer Form, die den unterschiedlichen Ausgangspositionen gerecht wird und so zu einer Übereinstimmung im Wesentlichen führt. Übrigens ist das Verständnis von Liturgie als gegenwärtigendem Gedächtnis ein Erbe des jüdischen Liturgieverständnisses: Die entscheidenden Feiern, wie z. B. Paschamahl oder Laubhüttenfest, werden als gegenwärtigende Gedächtnisfeiern verstanden.

Nicht nur der Priester allein

Aus der Antwort auf die Frage nach dem Wesen der Liturgie ergibt sich auch die Antwort auf die Frage nach dem Träger, dem Subjekt der Liturgie. Da der Dialog zwischen Gott und Mensch sich in Jesus Christus vollzieht, ist er auch der eigentliche Träger, der eigentliche Handelnde in der Liturgie. Er ist der einzige Mittler zwischen Gott und den Menschen, er ist der einzige Priester. Wie Gott sein Heil dem Menschen in Jesus Christus zuteil werden läßt, so vollzieht sich auch die Verherrlichung Gottes, die Antwort des Menschen, durch Jesus Christus. Durch ihn wenden wir uns an den Vater, er ist für uns der Weg, durch ihn haben wir Zugang zu Gott. An diesem Priestertum Jesu Christi hat aber die Gemeinschaft der Glaubenden in ihrer Gesamtheit Anteil, denn durch Taufe und Firmung sind wir in die Lebensgemeinschaft mit Christus aufgenommen, sind wir mit ihm eins geworden und haben damit auch an seiner priesterlichen Würde Anteil. Vergleicht man diese Sicht mit jener, die vor dem Konzil herrschte, wo von „rechtlich beauftragten Personen“ als den ausschließlichen Trägern der Liturgie die Rede war, dann sieht man, welch tiefgehende Veränderungen hier vorsichgegangen sind. Nicht der Klerus – er war mit den rechtlich beauftragten Personen gemeint – ist nunmehr Subjekt der liturgischen Feiern, sondern die Kirche in allen ihren Gliedern. Aufgrund von Taufe und Firmung haben sie alle Anteil am Leben Christi und damit auch an seinem Priestertum.

Wer ist Kirche?

Es ist offenkundig, daß diese Erkenntnis des Konzils nicht nur für das Verständnis der Liturgie bedeutsam ist, sondern auch für das Verständnis von Kirche überhaupt. Nicht von ungefähr hatte Romano Guardini das Wort geprägt, die Liturgische Bewegung sei das Erwachen der Kirche in den Herzen der Gläubigen; die Reflexion über den Träger der Liturgie führt zur Reflexion über das Grundverständnis von Kirche und Kirchengliedschaft. Wenn vor dem Konzil Liturgie ausschließlich als Sache des Klerus gesehen wurde, so war diese Sicht nur Ausdruck eines Kirchenverständnisses, das den Nichtkleriker nur als Objekt der Seelsorge betrachtete, ihm jedes Recht auf Mitsprache und Mitverantwortung vorenthielt, den Klerus hingegen mit der Kirche identifizierte. Der Laie war im Gottesdienst zur Passivität, zum Schweigen verurteilt; er hatte dem Gottesdienst „in Andacht beizuwohnen“, die „Messe zu hören“ und wie immer die Ausdrücke lauteten, mit denen man die Rolle der Laien umschrieb. Was vom Gottesdienst galt, entsprach genau der Rolle des Laien im Leben der Kirche: Alle Verantwortung, alle Macht und alle Rechte waren auf Seiten des Klerus. Wie Papst Pius IX. formulierte: „Die Kirche bin ich!“ Wenn heute betont wird, daß alle Mitglieder einer Gemeinde zur tätigen Teilnahme aufgerufen sind, wenn es heißt: „jeder soll all das und nur das tun, was ihm zukommt“ (Lit. Konst. Art. 28), wenn im Gottesdienst die in verschiedene Dienste gegliederte Gemeinschaft sichtbar wird, dann hat dies auch seine Konsequenzen für die konkrete Gestaltung des Gottesdienstes: Dem Vorsteher der Feier, dem ordinierten Amtsträger, kommt die Leitung der Feier zu; alle anderen Aufgaben kommen den anderen Gliedern der Gemeinde, den sogenannten Laien zu, und zwar aufgrund dessen, daß sie als Christen Anteil an der priesterlichen Würde Jesu Christi, des einzigen Priesters und Mittlers des Neuen Bundes haben. Und diese Würde ist die gleiche für Frauen und Männer. Wenn man dies bedenkt, erkennt man erst, wie lächerlich es ist, Mädchen und Frauen insgesamt den Dienst am Altar und die offizielle Beauftragung zum Lektorendienst zu verwehren oder die Laienpredigt zu untersagen. Wie schizophren solche Verbote sind, erkennt jeder, der weiß, daß ohne den Einsatz von Laien, Männern und Frauen, die Glaubensverkündigung im Religionsunterricht zusammenbricht. Was dort gut und recht ist, nämlich daß Laien im offiziellen Auftrag die Frohbotschaft Christi verkünden, warum soll es in der Liturgie unrecht sein? Solche Verbote, die jeder theologischen Begründung entbehren, können eigentlich nur mehr ignoriert werden, nicht aus Lust am Widerspruch, sondern weil sie schlicht und einfach dem widersprechen, was uns im gemeinsamen Priestertum als Teilhabe am Priestertum Christi geschenkt ist.

Doch nicht nur auf die konkrete Liturgie hat diese Erkenntnis ihre Auswirkungen, sondern auf das gesamte Leben der Kirche. Christen besinnen sich wieder auf ihre Würde als Glieder des Gottesvolkes. Sie können es nicht mehr ertragen, daß Kirche immer noch und wieder neu als Zwei-Klassen-Gesellschaft verstanden wird. Sie können sich nicht mehr damit abfinden, daß ihnen die Rechte der Mitsprache und Mitverantwortung vorenthalten werden und ein wiedererstehender Klerikalismus sie bevormunden und zum Gehorsam verpflichten will. Hinter dieser Besinnung auf gemeinsame Würde und gemeinsame Verantwortung steht nicht der Einfluß „weltlicher Demokratiemodelle", wie man oft zu hören bekommt, sondern die Gottesdiensterfahrung, daß der Priester eigentlich im Namen aller spricht und handelt; es ist immer die Gemeinschaft, die eigentlicher Träger, eigentliches Subjekt des Gottesdienstes ist: Wir loben, wir danken, wir bringen dar!

Priesterloser Gottesdienst

Und noch eines zeigt diese Besinnung auf die priesterliche Gemeinde als Träger der liturgischen Feier. Bei aller Betonung der Bedeutung des Vorsteherdienstes, des Amtspriesters, erinnert uns diese Besinnung daran, daß nicht die Gemeinde für den Vorsteher, sondern der Vorsteher für die Gemeinde da ist. Fehlt der Vorsteher, so fehlt ein wichtiges Glied, aber ohne ihn ist die Gemeinde nicht nichts, sondern hat immer noch Anteil am Priestertum Christi, und wenn Christus verheißen hat, wo zwei oder drei in seinem Namen versammelt sind, dort ist er mitten unter ihnen, so gilt dies für jede Feier der Liturgie, zu der sich Christen zusammenfinden, ob es sich um Schriftlesung oder Gebet handelt. Und wenn diese Christen sich versammeln, um in einer Mahlfeier das Gedächtnis des Todes und der Auferstehung des Herrn zu begehen, dann ist in dieser Feier auch der Herr zugegen. Denn wenn der Herr uns aufgetragen hat, das Mahl zu seinem Gedächtnis zu halten, dann gilt dies auch für eine Gemeinde von Christen, denen für ihre Feier ein Vorsteher vorenthalten bleibt; wenn vielleicht einmal oder einige Male im Jahr sie einen Amtsträger, einen ordinierten Priester in ihrer Mitte haben. Eine Feier des Herrenmahles ohne den Amtsträger ist zwar nicht die Feier, wie sie sein soll, aber sie ist gewiß nicht nichts. Dies hat das Konzil selbst ausgesagt, wenn es feststellte, daß die „ursprüngliche und vollständige Wirklichkeit des eucharistischen Mysteriums“ den ordinierten Vorsteher, den Priester, erfordert, aber auch ohne ihn Christen „bei der Gedächtnisfeier des Todes und der Auferstehung des Herrn im Heiligen Abendmahl die lebendige Gemeinschaft mit Christus“ erfahren. Wenn dies das Konzil im Ökumenismusdekret Art. 22 für evangelische Christen feststellt, dann hat es seine Gültigkeit auch für katholische Christen, denen aus irgendwelchen Gründen die Feier des Herrenmahles unter der Leitung des Priesters nicht möglich ist. Wenn man die Feier der Eucharistie nicht als Machtinstrument verstehen will, sondern als Heilsangebot des Herrn, dann müßte diese Erkenntnis auch im Leben der Kirche ihre Verwirklichung finden. Priesterlose Gemeinden in Lateinamerika oder in Europa oder sonstwo auf der Welt müßten dann nicht des Herrenmahles entbehren, sondern könnten zumindest diese Wirklichkeit erfahren, die das Konzil den evangelischen Christen in der Feier des Abendmahles zubilligt. So gesehen, sind die Aussagen des Konzils zur Liturgie für die Kirche eine „gefährliche Erinnerung“, insofern sie ihr bewußt machen, was Kirche eigentlich sein soll: eine brüderliche, besser gesagt, eine geschwisterliche Gemeinschaft, in der eine grundlegende Gleichberechtigung und eine Mitverantwortung aller Glieder für das Leben der Kirche gegeben ist, wenngleich es verschiedene Dienste und Aufgaben gibt.

Der Zeichencharakter

In der Liturgie wird Gottes Heilshandeln in zeichenhafter Form verkündigt und gegenwärtig, im Wort und Tun wird es bezeichnet und zugleich verwirklicht. Genauso vollzieht sich auch die Verherrlichung Gottes in Lobpreis und Danksagung unter sinnhaft wahrnehmbaren Zeichen. Wenn Zeichen aber ihrer Aufgabe gerecht werden sollen, müssen sie auch als Zeichen erkennbar sein, bzw. das zu Bezeichnende in verständlicher Form vermitteln. Wenn Liturgie als Verkündigung und Gegenwärtigung von Gottes Heil den Menschen zum Adressaten hat, erhalten der Zeichencharakter und die Forderung nach Verständlichkeit eine erhöhte Bedeutung. Im vorkonziliaren Liturgieverständnis, das vorwiegend oder ausschließlich die Bewegung vom Menschen hin zu Gott im Blick hatte, spielte der Zeichencharakter nur eine untergeordnete Rolle. Dies zeigte sich in einer unverständlichen Kultsprache und in Zeichen aus einer anderen Zeit und Kultur. Man erblickte sogar in der Unverständlichkeit von Wort und Ritus einen Ausdruck des Mysteriums Gottes, das für den Menschen unbegreiflich ist. Die Liturgiekonstitution hat mit dieser Auffassung gebrochen und deutlich gemacht, daß Liturgie in Wort und Vollzug verständlich sein muß: „Bei der Erneuerung sollen Texte und Riten so geordnet werden, daß sie das Heilige, dem sie als Zeichen dienen, deutlicher zum Ausdruck bringen und so, daß das christliche Volk sie möglichst leicht erfassen und in voller, tätiger und gemeinschaftlicher Teilnahme mitfeiern kann“ (Art. 21).

Die Volkssprache

Eine Konsequenz dieser Wiederentdeckung des Zeichencharakters war die Rückkehr zum Prinzip der Volkssprache in der Liturgie, wie es in den ersten Jahrhunderten in Ost und West selbstverständlich, der Kirche des Westens aber im Zuge der Germanenmission verlorengegangen war. In gleicher Weise muß dieses Ernstnehmen des Zeichencharakters aber auch zu einer Reform des gesamten äußeren Erscheinungsbildes der Liturgie führen, denn im Laufe der Zeit hatten sich auch Fehlentwicklungen ergeben, wie auch manche Zeichen ihre ursprüngliche Aussagekraft verloren hatten und zu unverständlichen Chiffren, zu Zeichen, die selbst der Interpretation bedurften, geworden sind. Eine Besinnung auf den Zeichencharakter der Liturgie führt zu den Ursprüngen und Anfängen des christlichen Gottesdienstes zurück, um von dorther unserer heutigen Liturgie die Verständlichkeit und Zeichenhaftigkeit zu erschließen, ihr die ursprüngliche Aussagekraft wiederzugeben, bzw. sie dem heutigen Menschen und seinem Denken und Fühlen anzupassen. Damit ist auch eine zweite Aufgabe verbunden, nämlich die Anpassung an die unterschiedlichen Kulturen, in denen heute Christen leben. Es ist ohne Übertreibung heute die größte Herausforderung an die Liturgie und letztlich an die Kirche, die Notwendigkeit einer umfassenden Inkulturation zu erkennen und ihr auch Rechnung zu tragen. Papst Paul VI. hat bei seiner Afrikareise erklärt, daß die afrikanischen Kirchen ein Recht auf eine afrikanische Liturgie haben, wobei auch hier nicht an eine einheitliche Liturgie gedacht werden kann, sondern die tiefgehende Verschiedenheit der einzelnen Völker und Stämme zu berücksichtigen ist. Die Liturgiekonstitution hatte diese Notwendigkeit erkannt und dazu festgestellt: „In den Dingen, die den Glauben oder das Allgemeinwohl nicht betreffen, wünscht die Kirche nicht eine starre Einheitlichkeit der Form zur Pflicht zu machen, nicht einmal in ihrem Gottesdienst; im Gegenteil pflegt und fördert sie das glanzvolle Erbe der verschiedenen Stämme und Völker; was im Brauchtum der Völker nicht unlöslich mit Aberglauben und Irrtum verflochten ist, das wägt sie wohlwollend ab, und wenn sie kann, sucht sie es voll und ganz zu erhalten“ (Art. 37). Mit dieser Aussage kehrt die Kirche zu einer Haltung zurück, die in den ersten Jahrhunderten selbstverständlich war und zur Vielfalt der Liturgien in Ost und West geführt hat. So wird der Gottesdienst der Zukunft in den einzelnen Kulturen und Kontinenten wieder jene Vielfalt erreichen, die ein Zeichen dafür sein soll, daß Gottes Heil allen Menschen aller Sprachen und Nationen in gleicher Weise gilt. Wie aber Liturgie und Glaubensvollzug engstens zusammenhängen, so wird auch die Vielfalt der Liturgien zu einer Vielfalt der Glaubenserfahrung und Glaubenserkenntnis führen. Nicht allein abendländisches Glaubensverständnis und Gedankengut hat seine Berechtigung, sondern genauso auch das Denken und Fühlen aller anderen Kulturen. Wie eine Vielfalt der Liturgie nicht eine Gefährdung der eigenen Liturgie bedeutet, sondern eine Bereicherung darstellt, so wird auch eine Vielfalt an Erkenntnis und Ausdrucksmöglichkeiten des gemeinsamen Glaubensgutes zu einer Bereicherung der eigenen Erkenntnis des Glaubens führen. „Das Gesetz des Betens bestimmt das Gesetz des Glaubens“; dieser Satz macht deutlich, daß Liturgieerneuerung eigentlich Glaubenserneuerung bedeutet. So gesehen ist die Verwirklichung der Liturgiekonstitution erst an einem Anfang. Was sie alles noch bewirken kann, wie sehr sie das Verständnis von Kirche zu ändern vermag, wie sie uns neue Zugänge zum Glauben erschließen wird, das wollten diese Ausführungen fragmentarisch andeuten.

Freiheit und Religion

von Raymond Mengus

Zwischen Freiheit und Religion besteht eine paradoxale Beziehung. An sich hängen sie beide, als Stätten höchster menschlicher Verwirklichung, voneinander ab und leben aufeinander zu; dieses innere Bündnis wurde aber im Verlaufe einer oft polemischen, zuweilen dramatischen Entwicklung verdunkelt und nahezu verschüttet. Auch und gerade in der christlichen Geschichte, so mindestens wie sie heutzutage vielfach als Restbestand vermittelt wird, standen Glaube und Freiheit weitgehend unter dem Vorzeichen der Konkurrenz, des Verdachts, ja des gegenseitigen Ausschließens. Das belastete Aktenbündel läßt sich grundsätzlich nach zwei Hauptlinien aufgliedern: einer eher innertheologischen und einer gesellschaftlich-politischen. In Frage steht zunächst das Selbstverständnis des christlichen Glaubens: Welcher Raum, welche Funktion kommt da der Freiheit zu? Weiter geht es um die rechtliche Sicherung der Freiheit in Sachen Glaube und Religion. Beides wurde vom Zweiten Vatikanum in Angriff genommen. Seit 25 Jahren hat das Thema keineswegs an Tragweite und Aktualitätswert eingebüßt.

I.

Die erste, kircheninterne Linie, durch welche Glaube und Freiheit entschlossen miteinander verbunden werden, erscheint abschnittweise an mehreren, verstreuten Stellen der Konzilstexte, und zwar jeweils unter verschiedenartigem Gesichtspunkt. Der anderen, allgemein–gesellschaftlichen Dimension des Fragenkomplexes sollte ein besonderes Dokument gewidmet werden: Durch die Konzilserklärung vom 7. 12. 1965, die durch die lateinischen Worte Dignitatis Humanae eingeleitet, überschrieben und benannt wird, wurden Prinzipien und Normen auf höchster Ebene verabschiedet; sie gehören von nun an zum Grundbesitz der katholischen Art zu sehen und zu tun.

Lange hieß es: Irrlehre und Unglauben haben keine Rechte. Jetzt klingt es in ganz anderer Tonart: „Der Glaubensakt ist seiner Natur nach ein freier Akt." Weiter heißt es, gleichsam als Zusammenfassung und als Hoffnung: „Der Grundsatz der religiösen Freiheit trägt nicht wenig bei zur Begünstigung solcher Verhältnisse, unter denen die Menschen ungehindert die Einladung zum christlichen Glauben vernehmen, ihn freiwillig annehmen und in ihrer ganzen Lebensführung tatkräftig bekennen können" (DH, Nr. 10). Es läßt sich wohl gleich anmerken, daß bei dieser zweiten Linie einiges klarer zu erkennen ist und sorgsamer durchzudenken bleibt. Allem Anschein nach ist man nicht bis in die letzten Konsequenzen der neuen Problematik vorgedrungen. Und dies nicht nur, weil es mit der Freiheit wie mit den höchsten Gütern steht: Mit Wahrheit, Liebe und Schönheit wird man einfach nie fertig, mit ihnen wird man in einen immerwährenden Prozeß hineingezogen. Nein, es sind auf diesem Gebiete Verengungen, Versäumnisse und Fehlentwicklungen zu vermerken, die teilweise eine schon lange dauernde, aber eigentlich doch verwunderliche Sachlage erklären: daß die Kirche, namentlich die katholische, nicht als ein sehr freiheitsliebendes und freiheitsförderndes Institut gilt. Was in vielen Köpfen von ihrem Verhalten über Jahrhunderte übrig bleibt, läßt sich ungefähr in einem Doppelspruch zusammenfassen: Wo ich stark bin, nehme ich es nicht so genau; wo ich etwa in der Minderheit liege, erhebe ich Anspruch auf Freiheit – jedenfalls für mich. In der Tat: Es war dies oft genug der Fall, und zwar seit den Anfängen. Sobald die Bewegung, die Jesus ins Leben gerufen hatte, sich im römischen Reich der Spätantike ausgebreitet und so fest durchgesetzt hatte, daß die Machtträger mit ihr zählen mußten, da ging die neuartige Religion sonderbare Bündnisse ein. Wie differenziert auch die sogenannte Konstantinische Ära zu beurteilen ist, es entstand mit ihr ein stets zunehmender Gewinn an Macht für die Geistlichkeit, bis zu deren äußerster Konzentration in den Händen weniger Kirchenführer. Ein Aufstieg solchen Ausmaßes mußte sich leider mit einem Verlust an Freiheiten – und Freiheit – bei anderen verbinden. Wo das Evangelium – wohlgemerkt: um des langfristigen Gelingens der Menschen willen – zum Gesetz wurde, mußte das Selbstbestimmungsrecht des einzelnen sowie ganzer Völker an höhere, unkontrollierbare Instanzen abgegeben werden. Keine Frage: die Verschmelzung von Christentum und Macht, die sich in einigen Landstrichen über anderthalb Jahrtausende erstreckt hat, hat allerlei Positives für viele Menschen nach sich gezogen; sie hat insgesamt der Menschheit wohl gedient und die europäische Kultur außerordentlich gefördert. Hinzu mußte sie halt Nebenprodukte erzeugen, die hartnäckig dauernde Effekte zeitigen. Die Kirche wird weitgehend, in welchem Umfang auch immer, als eine auf Macht ausgerichtete Größe gesehen, die keine Skrupel kennt, wenn es darum geht, ihre Stellung zu verteidigen und ihre Rechte zu behaupten. Liegt sie unten, kann sie sich mit Benachteiligten und Gefährdeten streckenweise solidarisieren; ist sie oben angelangt, wird sie unbarmherzig, vergißt jede Rücksicht auf die weniger gut angekommenen Gruppen. Noch verhängnisvoller sollte sich der theoretische Überbau erweisen, der die faktische Lage begleitet, gerechtfertigt und rückwirkend verhärtet hat. Der ideologisierende Vorgang ist überaus einfach: Was ist, muß sein; die geschichtliche Bindung zwischen Throm und Altar, so wenig sie sich aus den Gründungsakten der Kirche hätte herableiten lassen, wird nun im nachhinein als eine Notwendigkeit gedeutet. Alles weitere, das heißt doch Kompromißbereitschaft und Bloßstellungen, Kampf um die Macht und Handhabung errungener Macht, muß eben in Kauf genommen werden, und sei es um den Preis der Unfreiheit Andersdenkender.

Merkwürdig (oder auch nicht): Um einen geschichtlich gegebenen Zustand, der nicht so einfach mit Jesu Wort und Tat in Einklang zu bringen ist, als begründet zu erweisen, fehlte es nie an fügsamen Gesetzeslehrern und an wendigen Hofpredigern. Für die lange Reihe von Umkehrern der Frohbotschaft steht die Gestalt und die Rede des Großinquisitors: Dostojewskij scheint sie gerade als Sammel- und Abschreckfigur geschaffen zu haben, wo all das Unchristliche, das im Namen des Christentums begangen, abzulesen und all das Knechtende, das um des Evangeliums der Freiheit willen vollzogen worden ist, herauszuhören ist. Solch pauschale Darstellungen werden natürlich einer äußerst verwickelten, kontrastreichen Lage nicht gerecht. Die Geschichte, meinte Paul Valéry, bietet Beispiele für alles: die Kirchengeschichte noch mehr! Über alle auch noch so notwendigen, objektiven, nüancierten Bestandsaufnahmen hinaus ist es jedoch ein Wichtiges, den landläufig vorherrschenden Endeffekt ernst zur Kenntnis zu nehmen. Und dieser geht wohl eindeutig – zumal in unseren Breiten – in Richtung eines begründeten Verdachtes.

Unter der Dritten Republik galt etwa für die französischen Katholiken bis spät in das XX. Jahrhundert hinein eine charakteristische Unterscheidung: Theoretisch bleibt, auch lange nach dem Ancien Régime mit seinen gesalbten „durchaus christlichen Königen" die sogenannte „thése" weiter in Kraft, wonach die Regierenden an sich dem Glauben und so der geistlichen Gewalt unterstehen; in der nachrevolutionären

Situation aber dürfen die Bürger der „hypothése“ Folge leisten, nach welcher dem legalen, nicht monarchischen, gar laizistischen Staat ein Schuß an praktischer Legitimität zukommt. In dieser Dualität zeichnet sich die Anpassungsfähigkeit des Katholizismus aus. Stillschweigend wird hier unterschoben, daß der Christ nicht ganzheitlich irgendeiner Staatsform untersteht. Andererseits wird aber dies deutlich, daß die Kirche es sich vorbehält, bei der ersten guten Gelegenheit zur „thése“ zurückzukehren, hat sie doch ihre Entfernung von der Macht und die Selbständigkeit weltlicher Bereiche nie wirklich aufrichtig anerkannt. So bleibt sie im geheimen bei ihrem traditionellen Anspruch, die einzige Wahrheitsbesitzerin zu sein, und dadurch die Geschicke der Menschheit indirekt oder unter Umständen auch mal wieder direkt zu leiten zu haben. Vielen kirchlichen Gegenbeteuerungen zum Trotz bleibt ein Argwohn bestehen, insbesondere in den westlichen Ländern. Was für die so bedingte, unter Vormundschaft gehaltene Freiheit der Menschen im politischen Raum gilt, bewahrheitet sich umso fühlbarer im eigentlichen, geistig-religiösen Bereich. Hier entfaltete unsere Kirche ihr Sendungsbewußtsein bis zur Überzeugung, die allein göttlich eingesetzte, allein seligmachende Einrichtung zu sein, bis zum Anspruch auf Allein- bzw. Universalgültigkeit und auf Heilsmonopol. Auf diesem groß skizzierten und doch immer wieder anzutreffenden Horizont konnten andere christliche Gemeinschaften nicht als Kirche, andere Religionen nicht als reale Möglichkeiten betrachtet werden; alle mußten sie als unerträglich, ungerechtfertigt abgetan, ja buchstäblich verteufelt werden. Das sichere Wissen um die einzig sicheren Lebenswege für die gesamte Menschheit verträgt keine Pseudorivalen neben sich, so wenig es den Einzelmenschen seinen Unschlüssigkeiten und seinen Irrungen überlassen will. Am Ende der einem solchen System innewohnenden Logik konnte so die Beraubung der Freiheiten im Namen göttlich geschenkter Befreiung stehen.

II.

Die ganze Frage sollte Anfang der 60er Jahre von Grund auf überprüft werden. Sie stand zunächst nicht als solche auf der Liste der vom einberufenen Konzil zu behandelnden Themen. Sie entsprach aber so sehr der Neubesinnung der katholischen Kirche über sich selbst und den Bedürfnissen des Zeitgeistes, daß sie bald als eine Sonder- und Hauptfrage erschien, nach vorne rückte und von einer Konzilstagung zur anderen an Brisanz gewann. In der Peterskirche wie in der Weltöffentlichkeit war so etwas wie eine Beschleunigung der Geschichte zu beobachten. Dazu verhalf vieles. Zu nennen wären die Vorarbeiten einiger Pioniere, der Mut weitsichtiger Bischöfe, ein frischer Sinn für den realen Zustand der Dinge, ein entschiedenes Zurück zur Mitte des Christus-Glaubens und zum eigentlichen Auftrag der Kirche in der Welt. Eine freimütige Revision früherer Stellungnahmen betreffs Gewissens- und Religionsfreiheit gehörte sicherlich zu den notwendigen Bedingungen eines gelungenen Anschlußes an und eines echten Dialogs mit der heutigen Welt. Wie die Moderne auch aufgefaßt werden mag, persönliche Entscheidung sowie ungenötigte Äußerung bezüglich des Gewissens, der Meinung oder der Religion gehört diskussionslos dazu. Solche Freiheit wird von und bei jedem Gesprächspartner als vertrauensfördernder Faktor, ja als gleichsam atmosphärische Vorbedingung aufgewertet und gegenseitig vorausgesetzt. Sich dieser Selbstverständlichkeit zu entziehen hieße, sich in seine eigene und eigenartige Welt einkapseln zu wollen. Ein kräftiger Antrieb zur Neubearbeitung der gesamten Problematik kam von außereuropäischen Konzilsvätern und Beratern, in besonderer Weise aus den Vereinigten Staaten. Auf dem Gebiet der zivilen Freiheit und der Stellung der Religion(en) im öffentlichen Leben hatte der nordamerikanische Katholizismus von Geburt an eine spezielle Erfahrung. Er mußte sich von jeher mit einer Minderheitssituation abfinden. Er vermochte es, sich auf dem „Markt“ unzähliger Gemeinschaften durchzusetzen und eine positive Beziehung zu einer offenen Gesellschaft zu entwickeln. (Dafür gab gerade 1960 die erstmalige Wahl eines Katholiken zum Präsidenten der USA ein beredtes Zeugnis.) Das amerikanische Experiment konnte nun in kurzer Zeit zum Wohle der Gesamtkirche gereichen. Alles machte sich mit dem Gedanken des – auch religiösen Pluralismus vertraut – ein Begriff, der bald zum Modewort wurde und sodann innerkirchlichen wie theologischen Rang erwarb. Als wirkungsvollster Vermittler zwischen der Alten und der Neuen Welt stand der Jesuit und Theologe John Courtnay Murray (1904 – 1967). Durch Murray hatten es viele Katholiken in den USA gelernt, die Lage des Glaubens in der modernen, pluralistischen Kultur als eine Herausforderung und eine Chance zu bewerten. Ein menschenfreundliches und sendungsbewußtes Christentum setzt sich der öffentlichen Diskussion, ja Kontroverse aus; es versteht es als sein Recht und seine Pflicht, diese auf vernünftigem und freiheitlichem Wege, also mit Argumenten zu bereichern. Diese Art der Gesprächsführung ist die einzig angemessene sowohl im Raum der Öffentlichkeit als auch im Innenraum der Kirche. Hier muß die Formel „Irrtum hat keine Rechte“ vor dem Prinzip Dialog weichen. Innerhalb weniger Konzilssitzungen konnten sich nicht alle Teilnehmer derartige Einsichten zu eigen machen. Bei manchen herrschte die Erfahrung des alten „christlichen“ Europas, das doch zur Intoleranz neigte oder diese kurzerhand bejahte, bis zum Ende weiter vor. Einige wendeten zweifelhafte Mittel an, um die ganze Sache versanden zu lassen. Widerstände und Gefechte belegen wiederum Ernst und Echtheit des Neu-Wiedererkannten. Da nun ein Konzil nach moralischer Einstimmigkeit strebt, konnten sich die opponierenden Stimmen stark Gehör verschaffen. Der Text über die religiöse Freiheit, der am 9. November 1963 vom Sekretariat für die Einheit der Christen vorgelegt wurde und 6 Verarbeitungsphasen durchgehen sollte, wurde zum Symbol eines Kampfes, der zum Teil über das spezifische Anliegen hinausging. Um die Minderheit voll in der communio zu belassen, um so viel Kontinuität wie nur möglich (auch und gerade betreffs eines Schulbeispiels von Diskontinuität) aufrechtzuerhalten, zeigte Paul VI. ein bis zur äußersten Grenze gehendes Maß an Verständnis. Bis zu der Gefahr hin, die übergroße Mehrheit, die sich klar – etwa am 21. 9. 1965 mit 1997 Stimmen gegen 224 – für die letzte Vorlage ausgesprochen hatte, ein wenig zu kränken und das Neue (die lehramtliche Anerkennung der Freiheit in religiösen Dingen) hinter Wohlbekanntem (Zuständigkeit der Kirche in puncto Heilswahrheit) zu verdecken. Es gab kritische Momente, Hallen-Intrigen, Textzusätze (etwa über die Autorität der katholischen Kirche), ungeklärte Gegenüberstellungen von Rechtssprache und Gewissenssprache. Im Verlauf der Debatte nahm zusehends die Textvorlage Merkmale einer an sich verdienstvollen Bereitschaft zum Kompromiß auf, die aber an Gegensatz bzw. Dualität grenzte. Rezeption und Lektüre der Erklärung sollten dadurch bis heute erschwert werden. Als sie am 19. November 1965 endgültig verabschiedet wurde, gab es immerhin 249 Nein- und 13 ungültige Stimmen; eine letzte Abstimmung anläßlich der öffentlichen Promulgationsfeier am 7. Dezember 1965 – im gleichen Augenblick wie die Pastoralkonstitution – ergab noch 70 Nein – und 8 ungültige Stimmen, ungefähr dieselbe Zahl wie für den gleichausgerichteten, aber umfangreicheren Text „Gaudium et spes“. – Es gibt jetzt keine Zweifel mehr – und kein Zurück.

III.

So verfügt zum ersten Mal unsere Generation, dank Papst Paul VI. und 1954 Konzilsvätern (am 19. XI. 1965; am 7. XII. waren es 2308) über eine ausdrückliche, geschichtsträchtige Stellungnahme der obersten katholischen Lehramtsbehörde „über die religiöse Freiheit: vom Recht der Person und der Gemeinschaften auf gesellschaftliche und zivile Freiheit in religiösen Dingen“.

Die Erklärung wird einerseits in der Würde der Person, andererseits durch die Praxis Jesu und die Wortoffenbarung begründet. Insgesamt betrachtet, lebt sie von einer grundsätzlichen Unterscheidung her und geht auf eine aufgabenreiche Befreiung hin. Die Unterscheidung betrifft die – erhöhte – Verantwortung des einzelnen und die – abgegrenzten – Befugnisse des Staates; sie beruht auf einem schärferen Sinn für einen Wesenszug des Glaubensaktes: seine Personbezogenheit. Mit anderen Worten: Das Moralische und das Rechtlich-Politische gehen auseinander; während dieses eingeengt wird, kann jenes zu vielversprechender, verantwortungsvoller Entfaltung gelangen.

Guizot, der französische Historiker und Politiker des XIX. Jahrhunderts, hat die Gewissensfreiheit als eine Würdigung des Glaubens dargestellt, als einen „culte rendu á la foi“. Hundert Jahre danach holt das Zweite Vatikanum lang Versäumtes nach und zollt der Freiheit wie dem Glauben die ihnen gebührende Ehre, indem es jedes Ausbleiben von äußerem Druck sowie ungezwungene Ausübung der christlichen, aber auch andersgläubiger oder nichtgläubiger Überzeugung fordert. Dadurch kann eine regelrechte Befreiung aller mitwirkenden Instanzen befördert werden: eine jede – die Person; die Gemeinde; die Gesellschaftsordnung – wird in ihrem jeweiligen Verantwortlichkeitsbereich anerkannt und angeregt. So konnte zu Ende des zweiten christlichen Jahrtausends in Rom ein Lob des Gewissens ertönen. Auf dem Boden ihrer eigenen Überzeugungen erklärte die katholische Kirche als Bestandteil ihres Glaubens, was früher von ihren Gegnern als Forderung – gegen sie – erhoben wurde. Von der heiligen Schrift bis zur Thomas-Theologie, von den Kirchenvätern bis zu J. H. Newman, gehört selbstverständlich das Gewissen zum Kern der christlichen Tradition, allerdings mehr als Vorfrage oder Nebenfigur. Jetzt tritt es in der Hauptrolle auf. Die Pastoralkonstitution räumt ihm die Stelle eines verfassungsmächtigen Vermittlers zwischen Gott und Welt, zwischen Kirche und Gesellschaft ein; die Erklärung Dignitatis humanae übernimmt diese Grundaussagen und stellt sie sozusagen auf die Probe eines bezeichnenden und exponierten Problems: Wie verhält sich das Gewissen gegenüber den Anforderungen von Religion und Gesellschaft?

Als „die verborgenste Mitte und das Heiligtum im Menschen, wo er allein ist mit Gott“ (Gaudium et spes, Nr. 16) kommt das Gewissen endlich und endgültig zu seinem vollen Recht; auch wenn es „aus unüberwindlicher Unkenntnis irrt, verliert es dadurch seine Würde nicht“. Ohne Einschränkung steht der Satz: „Nur frei kann der Mensch sich zum Guten hinwenden“; gewichtige Worte häufen sich, als ob es gälte, das förmliche Bekenntnis zur Freiheit tief zu verankern: „Die Würde des Menschen verlangt, daß er in bewußter und freier Wahl handle, das heißt persönlich, von innen her bewegt und geführt“ (Nr. 17) Gerade in diesem hellen Licht wird dann das Problem des Atheismus und die Haltung der Kirche zu ihm erörtert: GS 19–21. Erstaunlich, wie der Gedankengang hier ausfällt: Das (selbstverständlich negative) Urteil über den Atheismus ist sofort verbunden mit einer Rücküberlegung über dessen Wurzeln. Die Gläubigen tragen selber zur „kritischen Reaktion gegen die Religionen“ bei; ihre Mängel in Leben und Lehre bringen mit sich, daß sie „das wahre Antlitz Gottes und der Religion eher verhüllen als offenbaren“. Die richtige Haltung ist Nr. 21 § 6 zu entnehmen: Dialog zwischen Glaubenden und Nichtglaubenden; Nicht-Diskriminierung; „Zusammenarbeit zum richtigen Aufbau der einen Welt, in der sie gemeinsam leben“.

IV.

Mit Nachdruck wird in der Erklärung Dignitatis humanae dieselbe Forderung nach allen Seiten hin bekräftigt. Die Suche nach Wahrheit und Sinn, die Zustimmung zu Gott oder die Ablehnung, all dies höchst Menschliche ist Sache des Gewissens. Die Selbstbestimmung des Subjekts soll lediglich gegen jeden Zwang gesichert werden; die freie Ausübung eines solchen Rechtes soll auf den Schutz der Staatsmacht zählen können, unter der (einzigen) Voraussetzung, daß die öffentliche Ordnung gewahrt bleibt. Der Mensch darf nicht gezwungen werden, gegen sein Gewissen zu handeln. Er darf aber auch nicht daran gehindert werden, gemäß seinem Gewissen zu handeln“ (DH, Nr. 3). Es ist hier von einer vermeintlichen Unterscheidung nichts zu merken, die manchmal dem Konzilstext unterschoben wurde: Ja zur Freiheit der Gewissen, Nein zur Freiheit des Gewissens. Sowohl Glaube wie Unglaube, ja Unterschiedenheit steht jeder Freiheit und allen Freiheiten als unantastbares Recht, als unveräußerliche Entscheidung zu. Es kann natürlich auch ein Konzil von der moralischen Pflicht eines jeden Gewissens, das Wahre zu suchen und ihm anzuhängen, nichts zurücknehmen; es gewinnt vielmehr diese unabweisliche, ja heilige Pflicht an Gewicht. Gerade „die Liebhaber der echten Freiheit" sind bemüht, was immer wahr und recht ist, zu erstreben. „Die Religionsfreiheit muß auch dazu dienen und dahin geordnet werden, daß die Menschen bei der Erfüllung ihrer Pflichten im Leben der Gesellschaft mit Verantwortung handeln" (Nr. 8). Bei alldem bekommt der Staat, speziell der religiös oder konfessionell bestimmte, eine andere Stellung zugewiesen. Auf Initiative des alten, römisch-katholischen Partners, wird er (außerhalb jedes Dranges und Dramas) zugleich auf- und abgewertet. Er verliert antike oder auch vor kurzem anerkannte Zugeständnisse; zu gleicher Zeit wird er über alle früheren Streitigkeiten hinüber in seiner spezifischen Funktion eindeutig bejaht, ja ermutigt. Es bleibt die Frage bestehen, ob der theoretische Schritt entsprechende Ergebnisse eingebracht hat. Der Prozeß ist wohl noch nicht ganz zu seinem Abschluß gelangt. An praktischen Folgen ließ sich einiges vermerken. Staatschefs etwa gaben Rechte auf, bei der Ernennung von Bischöfen mitzuwirken; es kam zur Revision von überlieferten Vorkehrungen und Gebräuchen; die Tendenz ging weltweit klar in die Richtung: eine freie Kirche in einem freien Staat. Eine Lage, wie es sie so noch nie gegeben hatte. Beschränkungen durften nicht ausbleiben. Die Annahme liegt nahe, daß die dunkelsten Schatten von außerhalb der katholischen Kirche auf sie zukamen. In vielen Ländern war, in manchen Ländern ist die Religionsfreiheit rechtlich oder gerichtlich nicht abgesichert. Die höchst erfreulichen Ereignisse des Jahres 1989 in Mittel- und Osteuropa lassen die vorhergehenden Jahrzehnte der Unterdrückung, des aufgezwungenen Schweigens, ja der Verfolgung nicht vergessen; und sie vermehren allüberall den Hunger nach Gerechtigkeit, nach freier Ausübung der Menschenrechte gerade in den Ländern der Welt, wo sie staatlicherseits noch nicht in zufriedenstellendem Maße gewährt werden. Eine weitere Entwicklung betrifft die Religion und die Religionen selber. Genau im Zeitalter galoppierender Säkularisierung zeichnet sich für sie eine neuartige Bedeutsamkeit in psychologischer, geistesgeschichtlicher und nicht zuletzt politischer Hinsicht ab. Auch und gerade im Westen mehren sich außerplanmäßig und nicht unzweideutig Zeichen einer erneuten (nachchristlichen?) Beschäftigung mit dem Religiösen. Die bei uns herkömmlich dominierende Glaubensinstitution sieht sich mittlerweile einer mehrfachen Opposition, ja einer entgegengesetzten Herausforderung ausgesetzt. Kritische Wachsamkeit und Dialogbereitschaft werden mehr denn je gefordert, damit alte und neue Religionsgemeinschaften zu einer richtigen Haltung in der Gesellschaft und untereinander finden. Hier steht sicherlich mühevolles Suchen und Proben bevor. Die Kirchenleiter werden es sich angelegen sein lassen, ihren Werten treu zu sein und ihren eigenen Maßstäben zu folgen. So kommen wir auf eine interne, ungelöste, dringende Aufgabe zurück. Es heißt sich zu vergewissern, ob Dignitatis Humanae fest und tief genug verankert ist. Auch unter Katholiken ist laut oder leise die Frage zu hören, ob die Religionsfreiheit nicht doch isoliert dastände, statt zu einer Bejahung der modernen Freiheiten und des modernen Freiheitsverhältnisses zu führen. So erst würde sie zum Inbegriff aller Freiheiten, ja zum glaubwürdigen „Sakrament“ integraler Befreiung für die Menschheit schlechthin. Ein entkrampfter Umgang mit Freiheit und Freiheiten, so meinen doch viele, dürfte und sollte sich bis in das kirchliche Leben hinein auswirken, bis zu einer gründlicheren Bearbeitung des Grundproblems: der Beziehung zwischen Freiheit und Wahrheit.

V.

Ein alter Verdacht ist in den letzten Jahren wieder neu zu vernehmen. Die katholische Kirche setze sich für die Religionsfreiheit und die anderen Menschenrechte da und dann ein, wenn es zu ihrem Wohle gereiche; sie sei doch zuerst und letztlich auf Kirchenfreiheit aus; für ein dezidiertes Eintreten zu Gunsten der Selbstbestimmung des einzelnen – und sei es auf ihre eigenen Kosten – habe sie nichts übrig. Klärung und Vertiefung der Positionen sind hier vonnöten; sie führen weiter als hinausgezogene, lähmende Verdachte, auch wenn ein Schuß an Polemik hilfreich sein kann. In der Tat bleibt der wesentliche Zusammenhang zwischen dem Anspruch auf Religionsfreiheit und einer umfassenden Verteidigung der Freiheiten bisweilen verdeckt. Dieser Forderung wird man etwa gerecht, wenn man die Religionsfreiheit als Prüfstein und Testfall von den Grund – und öffentlichen Freiheiten betrachtet, was neuerdings häufiger zu hören ist; was sich auch mitunter da und dort konkret bestätigt. Es dürfte ruhig häufiger geschehen, daß beide zugleich – die Freiheiten und die Religionsfreiheit – nach vorne gezogen werden. Auf diese Weise läßt sich auch die Gesamteinstellung einer Kirche der heutigen Welt gegenüber besser verstehen. „Prüfet alles; das Gute bewahret“ hieß die Losung in der ältesten uns erhaltenen Schrift des Neuen Testamentes (1 Thess 5,21). Der neuzeitliche Katholizismus hat sich wahrlich viel Zeit genommen, um das Gebäude der Moderne zu prüfen; er hat es weder unbedacht noch unterschiedslos betreten. Diese lange Vorsicht dürfte der eingetretenen Aussöhnung zugute kommen: Die Bejahung des „Guten“ kann jetzt völlig entkrampft geschehen; sie läßt aber auch eine unterscheidende, also kritische Stimme zu, die dann nötigenfalls auch einen mahnenden Ton annehmen kann. Die Warnung eines Freundes kommt sicher besser an als die Abkanzelung durch einen Prinzipienerteiler und einen Normenverteiler. „Qui aime bien, chatie bien“: Der Akzent liegt auf Wohlwollen, Zuneigung, Zusammengehörigkeit – eben auf Liebe. Das Lob der Freiheit erfordert noch mehr. Es kann nicht billig in die Welt hinein gesungen werden – und einfach an der Kirche vorbeigehen. Als Forderung, aber zuallererst als Bedingung all des zuvor Gesagten, will es innerhalb der Religionsgemeinschaften selber ertönen. Auch auf diesem Gebiete gilt: Wahr ist nur, was zusammen geht und in gleicher Weise geehrt wird. Verkündigung und Verteidigung nach außen hin, Hochachtung und Verwirklichung im eigenen Raum: Ein Gewinn an Glaubwürdigkeit kann nicht um diesen Preis herumgehen. Nicht nur steht dem katholischerseits nichts im Wege: Wir haben allen Grund, sowohl „Verantwortung der Christen in der Kirche, Freiheit im Handeln zu fördern“ als auch „die gerechte Freiheit, die allen im irdischen, bürgerlichen Bereich zusteht, sorgfältig anzuerkennen“ (Dogmatische Konstitution über die Kirche, Nr. 37), also nach Freiheit sowohl in Sachen Religion als auch in unserer Kirche mit Geist und Seele zu trachten. Ja, noch mehr Gründe als irgend jemand haben wir ihr zu zollen: heißt doch unsere Berufung (Gal 5,1) Freiheit.

Das Zweite Vatikanum hat Grundüberzeugungen urchristlicher Tradition für unser Zeitalter einen neuen Aufschwung gegeben. Im Geist Gottes, der sich selber als Wahrheit (Johannes) und als Freiheit (Paulus) offenbart, werden die Getauften in die Dynamik einer christuskonformen Liebe hineingezogen; mögen sie doch dafür eintreten, daß Gottes Kirche „ein Ort der Wahrheit und der Freiheit, der Gerechtigkeit und des Friedens“ werde, „auf daß jedermann in ihr einen Grund zum Hoffen finden möge“.

Ökumene: Aufbruch und Stolpersteine

von Johannes Brosseder

Für die Beziehungen der christlichen Kirchen zueinander ist der 21. November 1964, dessen 25. Wiederkehr 1989 begangen wurde, ein bedeutsames Datum. An diesem Tag wurden sowohl die Dogmatische Konstitution über die Kirche wie das Ökumenismusdekret verabschiedet und in Kraft gesetzt, mit denen die römisch-katholische Kirche ihren Einstieg in die schon mehr als fünfzig Jahre bestehende ökumenische Bewegung amtlich bekundete. Viel Schutt mußte beiseite geräumt werden, damit dieser Schritt der zahlenmäßig größten aller christlichen Kirchen getan werden konnte. Wie schwer sich diese Kirche mit diesem Schritt getan hat, davon zeugen die heftigen Diskussionen auf dem Konzil. Wie entschieden diese Kirche ihren neuen Weg wahren wollte, das bezeugt die überwältigende Zustimmung zu all den Dokumenten des Zweiten Vatikanischen Konzils, die von ökumenischer Bedeutung sind. Neben den beiden schon genannten Texten sind dies vor allem das Grundsatzkapitel der Liturgiekonstitution, die Dogmatische Konstitution über die göttliche Offenbarung, die Erklärung über die Religionsfreiheit, die Erklärung über das Verhältnis der Kirche zu den nichtchristlichen Religionen, das Ostkirchendekret sowie die Pastoralkonstitution über die Kirche in der Welt von heute.

Die Schrift rückt ins Zentrum

In den wichtigsten Dokumenten des II. Vatikanums ist das „Ökumenische" eine durchlaufende Perspektive. Zahlreiche sachliche Anfragen der Reformation konnten eindeutig geklärt, in wichtigen weiteren konnten Richtungsanzeigen für eine Lösung aufgewiesen werden; wo beides nicht möglich war, konnten zumindest neuere Sichtweisen, die Problemlösungen möglich machen, gleichwertig neben überlieferte, die Lösungen verhindern, gestellt und so der Theologie zur weiteren Klärung überlassen werden. Eine der bedeutsamsten Taten des Konzils ist es gewesen, der heiligen Schrift den ihr gebührenden Platz als Grundlage und Zentrum der Orientierung für das gesamte kirchliche Leben wieder zukommen zu lassen. Das hat zahlreiche und noch längst nicht überall eingelöste Konsequenzen. So ist – bezogen auf die überlieferten evangelisch-katholischen Kontroversen – nach den Aussagen des Konzils nicht mehr daran zu rütteln, daß das Lehramt nicht über dem Wort Gottes, der Heiligen Schrift, steht, sondern ihm dient (Offenbarungskonstitution, Nr. 10); so ist ebenso eindeutig, daß die kirchliche Lehrüberlieferung keine zweite Quelle der Heilswahrheit neben der Heiligen Schrift ist, sondern ihr nachgeordnet werden muß. Kirchliche, nachapostolische (Lehr-)Überlieferung ist oder sollte sein: Auslegung der apostolischen Überlieferung, die in der Heiligen Schrift, dem Wort Gottes gefunden werden kann; damit ist nicht gesagt, daß solche Auslegung immer gelungen oder optimal gewesen sein muß, wodurch die Revidierbarkeit kirchlicher Lehrüberlieferung (einschließlich der Dogmen) im Sinne einer ständigen Verbesserung und Korrektur von der Heiligen Schrift her eröffnet ist.[1] Es sei allerdings nicht verschwiegen, daß neben solchen klaren Linien sich auch Passagen finden, in denen die Zuordnung von Schrift, Tradition und Lehramt bewußt im unklaren gelassen wird.

Umständlich hat das Konzil ferner auch zum Ausdruck gebracht, daß Kirche als ganze sich nicht vom Amt der Kirche her zu verstehen hat, sondern von Jesus Christus her. In ihr (und nicht über ihr) gibt es das öffentliche Amt der Verkündigung des Wortes Gottes (die Sakramentenspendung eingeschlossen). Dem von der Kirche konkret für die Verkündigung Beauftragten ist die äußerliche Leitung der Gemeinde (Kirche) zugeordnet, um so zum Ausdruck zu bringen, daß der die Verkündigung bewirkende Geist Gottes die Kirche als ganze innerlich leitet und sich auf vielfältige Weise in allen Gliedern der Kirche äußert oder äußern kann (vgl. den Aufbau und die Struktur der Kirchenkonstitution).

Erweiterter Kirchenbegriff

In der Kirchenkonstitution sind sodann ganz wichtige ökumenische Neuerungen vollzogen worden. So hat die katholische Kirche die seit dem Schisma vom 1054 behauptete und in der Reformation erneut bekräftigte Exklusivität des Kircheseins der katholischen Kirche preisgegeben und war auf dem Konzil bereit, den Begriff „Kirche" mit den anderen christlichen Kirchen zu teilen (Kirchenkonstitution Nr. 8: „subsistit" statt „est"). Von daher gibt es in keinem Dokument des Zweiten Vatikanischen Konzils mehr die Begriffe „Schismatiker" und „Häretiker"; überall, wo vor dem Konzil die Christen anderer Kirchen als Schismatiker und Häretiker bezeichnet worden wären, heißt es jetzt „Kirchen und kirchliche Gemeinschaften"[2], wobei mit dieser Bezeichnung dem Selbstverständnis der jeweiligen christlichen Kirchen entsprochen werden sollte. Darüberhinaus hat das Konzil unterschiedslos die Gültigkeit der in den anderen christlichen Kirchen gespendeten Sakramente anerkannt, wenn gesagt wird: Die Christen der anderen christlichen Kirchen „empfangen das Zeichen der Taufe, wodurch sie mit Christus verbunden werden; ja sie anerkennen und empfangen auch andere Sakramente in ihren eigenen Kirchen oder kirchlichen Gemeinschaften" (Kirchenkonstitution, Nr. 15). Ein ganz wichtiger Streitpunkt konnte in der Amtsfrage ausgeräumt werden: Die Frage, ob die Dreigliedrigkeit des kirchlichen Amtes (Bischof, Priester, Diakon) göttlichen Rechtes ist, was das Trienter Konzil (DS 1776) nahezulegen schien, ist eindeutig abgelehnt worden zugunsten einer Sicht, die nur das kirchliche Amt als solches (ministerium ecclesiasticum) als von Gott eingesetzt begreift (divinitus institutum), während die Dreigliedrigkeit als von alters überliefert bezeichnet wird: „So wird der aus göttlicher Einsetzung kommende kirchliche Dienst (ministerium ecclesiasticum) in verschiedenen Ordnungen ausgeübt von jenen, die schon seit alters Bischöfe, Priester, Diakone heißen (qui iam ab antiquo Episcopi, Presbyteri, Diaconi vocantur)" (Kirchenkonstitution, Nr. 28)[3]. Das ökumenische Gewicht dieses Satzes für die ganze Amtsdiskussion kann nicht hoch genug veranschlagt werden, denn an der göttlichen Einsetzung des Amtes der Wortverkündigung, der Predigt (einschließlich der Sakramente) als solche hat die Reformation keinen Zweifel gelassen, sodaß unterschiedliche konkrete Gestaltungen, Ordnungen oder Überlieferungen des Amtes sehr wohl das eine Amt als solches darstellen können; deshalb wäre eine katholische Anerkennung der Ämter der anderen christlichen Kirchen dogmatisch grundsätzlich möglich. Anders gesagt: Daß zu predigen ist, steht nicht im Belieben und in der Macht der Kirche; wie, in welchen Ordnungen usw. ist Sache der Menschen in der Kirche; und daß dies nicht einheitlich zu sein braucht, zeigen sowohl die unterschiedlichsten neutestamentlichen Gemeinden, wie der Verlauf der gesamten Christentumsgeschichte bzw. Kirchengeschichte.

Nicht minder wichtig als das bisher Genannte ist die durch das Konzil eröffnete Gottesdienstreform, insbesondere die Wiedereinsetzung der Heiligen Schrift und der Predigt in ihr altes Recht, sowie die Beseitigung der schlimmsten Exzesse im Opferverständnis. Vergleicht man die Gottesdienstreform des II. Vatikanums mit derjenigen Luthers, so kann man mit guten Gründen sagen, der Sache nach hat das II. Vatikanum nachvollzogen, was die Reformation 450 Jahre früher in Angriff genommen hatte.

Bitte um Vergebung

In diesem das Ökumenismusdekret umgebenden dogmatischen Umfeld sind die grundlegenden ökumenischen Entscheidungen gefallen, die im Ökumenismusdekret selbst theoretisch und praktisch umfassender konkretisiert werden. Im Prooemium und in Nr. 20 wird an die Basisformel des Ökumenischen Rates der Kirchen erinnert, die dieser sich 1961 in Neu Delhi neu gegeben hat. Das ganze erste Kapitel erörtert katholische Prinzipien des Ökumenismus (und nicht: Prinzipien eines eigenen katholischen Ökumenismus), um deutlich zu machen, daß die katholische Kirche in die schon lange bestehende Ökumenische Bewegung der anderen christlichen Kirchen eintreten will, um gemeinsam mit den anderen christlichen Kirchen zu jener Einheit der Kirche zu gelangen, die Jesus Christus für seine Kirche will (Nr. 4). Ein eindrückliches öffentliches Bekenntnis der „Sünden gegen die Einheit“ durch die katholische Kirche verbunden mit der Bitte an die getrennten Brüder (und Schwestern muß man hinzufügen) um Vergebung finden wir in diesem Dokument. Es ist die geistliche Grundlage der ganzen ökumenischen Arbeit (Nr. 7; vgl. Nr. 3). Die hier sich äußernde geistliche Haltung läßt sehen, daß die durch Rom erfolgte Aufkündigung der Gemeinschaft (communio) menschliche Schuld gewesen ist, die zu Spaltungen führte, welche schon im Neuen Testament auf das schärfste getadelt werden (1 Kor 1, 11ff. u. ö.), wie das Ökumenismusdekret ausdrücklich aufzeigt. Gott kann aber auch auf krummen katholischen Zeilen gerade schreiben – und daher hat der „Geist Christi sich gewürdigt“, die getrennten Kirchen und kirchlichen Gemeinschaften „als Mittel des Heiles zu gebrauchen“ (Nr. 3), als Kirchen also, in denen

Menschen „die große Botschaft vernommen haben und die sie ihre Kirche und Gottes Kirche nennen“ (Vorwort).

Konkretion dieser Buße ist „in erster Linie“ (so das Ökumenismusdekret Nr. 4) das ehrliche und eifrige Nachdenken darüber, was in der katholischen Kirche erneuert werden muß, „damit ihr Leben mit mehr Treue und Klarheit für die Lehren und Einrichtungen Zeugnis gebe, die von Christus her ... überkommen sind“ (Nr. 4).

In diesen Zusammenhang gehört selbstverständlich, daß alle „Worte, Urteile und Taten“ zu unterlassen sind, die in Geschichte und Gegenwart „der Lage der getrennten Brüder“ (und Schwestern) „nach Gerechtigkeit und Wahrheit nicht entsprechen und dadurch die gegenwärtigen Beziehungen mit ihnen erschweren“ (Nr. 4). Umkehr, Buße, Erneuerung, Reform sind das geistliche Gerüst des Ökumenismusdekrets (Nr. 4, Nr. 6, Nr. 7). „Die Kirche wird auf dem Weg ihrer Pilgerschaft zu dieser dauernden Reform gerufen, deren sie allzeit bedarf“ (Nr. 6).

Das bedeutet ein völlig neues Buchstabieren der gesamten kirchlichen Lebenswirklichkeit unter ökumenischen Perspektiven in Lehre, Verfassung, Liturgie, Diakonie, in ihren Aktivitäten in der Gesellschaft, in der wissenschaftlichen Theologie, in der Aus- und Fortbildung der Theologen, Lehrer, Katecheten, Erwachsenenbildner.

Es ist sehr wohl lohnend, sich diese großen geistlichen Leitlinien des Aufbruchs der katholischen Kirche in eine mit den anderen christlichen Kirchen gemeinsame Zukunft zu vergegenwärtigen, um heute die Kraft zu gewinnen, diesem Geist der Erneuerung und Reform treu zu bleiben.

Was daraus wurde

Mit Recht kann man nun fragen, was aus diesem Aufbruch vor 25 Jahren geworden ist. Es kann kein Zweifel bestehen, daß sowohl in multilateralen Gesprächen im Rahmen des Ökumenischen Rates der Kirchen wie in bilateralen Gesprächen Ergebnisse erreicht worden sind. Einige Dokumente – längst nicht alle – seien aufgezählt:

a) Ergebnisse multilateraler Gespräche

1978 Eine gemeinsame Rechenschaft von der Hoffnung
1979 Das filioque aus ökumenischer Sicht
1980 Auf dem Weg zu einem Bekenntnis des gemeinsamen Glaubens
1981 Die ökumenische Bedeutung des Nizäno-Konstantinopolitanums
1982 Taufe, Eucharistie und Amt. Gemeinsames Zeugnis
1983 Der apostolische Glaube in der Schrift und in der Alten Kirche
1984 Unser Credo – Quelle der Hoffnung
1985 Die Integrität der Schöpfung im Licht des apostolischen Glaubens
1988 Den einen Glauben bekennen
1989 Dokumente des konziliaren Prozesses für Gerechtigkeit, Frieden und Bewahrung der Schöpfung.

b) Dokumente des römisch-katholischen / evangelisch-lutherischen Gesprächs

1972 Das Evangelium und die Kirche (Maltabericht)
1978 Das Herrenmahl
1980 Wege zur Gemeinschaft – Alle unter einem Christus. Stellungnahme zum Augsburgischen Bekenntnis
1981 Das geistliche Amt in der Kirche
1983 Martin Luther – Zeuge Jesu Christi – Einheit vor uns – Kirchengemeinschaft in Wort und Sakrament
1986 Lehrverurteilungen – kirchentrennend? Rechtfertigung, Sakramente und Amt im Zeitalter der Reformation und heute (Bd. II: 1989)

Besondere Erwähnung verdient in diesem Rahmen noch die ökumenische Initiative von Heinrich Fries und Karl Rahner, die sie mit ihrem Buch „Einigung der Kirchen – Reale Möglichkeit“[4)] (1983) unternommen haben. Neben den genannten gibt es zahlreiche bilaterale Dokumente des Gesprächs der römisch-katholischen Kirche u. a. mit dem Reformierten Weltbund, mit der Anglikanischen Kirche, mit den Altkatholiken und mit den Orthodoxen.

Trotz all dieser hoffnungsvollen Gespräche und zumeist positiver Ergebnisse in wichtigen Lehrfragen werden bislang entscheidende praktische Schritte in Richtung auf eine Wiederherstellung der Gemeinschaft der christlichen Kirchen geradezu sorgfältig vermieden. Peinlich genau wird derzeit auf

Abgrenzung geachtet, und für manche (so vor allem für die in jüngerer Zeit ernannten Bischöfe von Fulda, Wien, Feldkirch, Chur, Salzburg, Köln und anderswo) ist die Arbeit am vorkonziliaren Profil der katholischen Kirche ganz offensichtlich verlockender als die Arbeit an deren Reform und Erneuerung. Viele an der Basis haben den Eindruck mindestens einer Stagnation. Der Widerspruch zwischen dem amtlich wirklich, in Blüte stehenden Verbalökumenismus und dem vielfältig beobachtbaren amtlichen realen Antiökumenismus auf den verschiedensten Ebenen kirchlichen Lehrens und Lebens kann nicht auf Dauer verborgen bleiben. Die in der „Kölner Erklärung" angesprochenen Punkte sind nur die Spitze des antiökumenischen Eisberges, dem manches andere noch zugehört, so vor allem die vom Ökumenismusdekret zwingend geforderte, aber z. B. von der Rahmenordnung der Deutschen Bischofskonferenz für die Theologenausbildung überhaupt nicht mehr vorgesehene Ausbildung in oecumenicis; in dieser Ordnung fehlt selbst das Wort Ökumene völlig. Das steht in radikalem Gegensatz etwa zur Theologenausbildung in den USA und anderswo.

Aber auch die Art und Weise, wie konfessionsverbindenden Paaren und Familien die Bezeugung des gemeinsamen Glaubens durch volle Teilnahme am Gottesdienst der jeweils anderen Kirche unmöglich gemacht wird, gehört in diesen Zusammenhang. Zu erwähnen sind weiter die nur noch ein müdes Lächeln hervorrufen könnenden Argumentationen in der Verweigerung der Gleichberechtigung der Frau auf allen Ebenen des kirchlichen Lebens. Die simple Erklärung, man wolle sie nicht, wäre jedenfalls glaubwürdiger als die geschwollene theologische Akrobatik (diesen Begriff verwendete Kardinal Ratzinger gegen die ökumenischen Bemühungen von Heinrich Fries und Karl Rahner), in und mit der aus historischen Zufälligkeiten theologische Notwendigkeiten abgeleitet werden.

Nicht vermittelbar mit einer ökumenischen Grundeinstellung ist die Zurücknahme des bis vor kurzem möglichen Predigeraustausches sowie die ausdrückliche Verweigerung des Einstellens evangelischer Kräfte an katholischen Stellen selbst dort, wo es sich nur um eine Putzstelle handelt. Der neue Amtseid, der seit März 1989 vor allen Priestern, Diakonen etc. zu leisten ist, ist nicht nur eine binnenkatholische Kriegserklärung an das Gewissen von glaubenden Menschen, sondern auch eine ökumenische Provokation. Eine weitere schlimme Provokation von Seiten Roms ist die den Traditionalisten seit kurzem wieder gestattete antiprotestantische Trienter Kampfliturgie; die gesamte Gottesdienstreform des II. Vatikanums ist durch diese Wiederzulassung bewußt ins Zwielicht gerückt worden. Beispiele eines massiven antiökumenischen Engagements ließen sich in Fülle aufzählen, doch sei dies hier unterlassen. Statt dessen sei auf Probleme aufmerksam gemacht, deren ungenügende Klärung mit dem offenkundigen Auseinanderklaffen zwischen Verbalökumenismus einerseits und dem realen wieder um sich greifenden Antiökumenismus andererseits zu tun hat.

Schwachstellen

Ein erster Grund liegt mit Sicherheit in einer theologischen Schwäche der ekklesiologisch bedeutsamsten Texte des II. Vatikanums selbst. Überall dort, wo die katholische Kirche von sich selbst im Hinblick auf die anderen christlichen Kirchen spricht, verwendet sie für sich das Bild der „Fülle", der gegenüber die anderen christlichn Kirchen nur einen „Mangel" haben können. Die im Bild der „Fülle" sichtbar werdende materialistische, positivistische und quantifizierende Denkweise in Sachen des Glaubens verhindert es zu sehen, daß es im Glauben selbst um Qualität und nicht um Quantität geht. Außerdem verunmöglicht das Bild der „Fülle" die Verwirklichung des vom Konzil selbst so häufig beschworenen Geistes der Umkehr, Buße, Erneuerung und Reform. Die materialistische, positivistische und quantifizierende Denkweise, die angeblich für unsere Zeit so charakteristisch sei und so häufig attackiert wird, greift jedenfalls voll und ganz im evangelisch-katholischen Gespräch insofern Platz, als das Bild der „Fülle" letztlich gar keine andere Denkweise zuläßt, die anderen christlichen Kirchen bedürften der Auffüllung ihres „Materialmangels". Hier müßte eine Kritik des glaubensmaterialistischen Denkens stattfinden, in der gleichzeitig deutlich werden muß, daß Konzilstexte Anfang (und durchaus nicht das Ende!) eines weiterführenden Weges sind, der diese Grenze des Konzils hinter sich läßt.

Ein zweiter Grund hängt mit der mangelnden Fähigkeit zusammen, zwischen historischem Urteil und theologischem Urteil sorgfältig zu unterscheiden. Daß vieles historisch gewachsen ist, bestreitet niemand. Ob etwas aber deshalb schon theologisch notwendig ist, kann doch nur in einem sachlich theologischen Diskurs (und nicht in einem historischen Rekurs) geklärt werden. Die Stagnationen in der Amtsfrage und in der Frage der Zulassung der Frauen zu allen Ebenen des kirchlichen Amtes könnten mit Hilfe dieser Unterscheidung äußerst erfolgreich überwunden und einer guten Lösung zugeführt werden.

Ein dritter Grund hat mit einer mangelnden Unterscheidung des Glaubensbegriffs zu tun[5]. Voraussetzung für die Wiederherstellung der Gemeinschaft der christlichen Kirchen sei die Einheit im Glauben, wird immer wieder – und zwar zu Recht – gesagt. Das aber heißt doch noch lange nicht, daß deshalb ein einheitliches Glaubensverständnis in Lehre und Dogma erforderlich ist. Die Reduktion des Glaubensbegriffs auf das Glaubensverständnis in Lehre und Dogma kann angesichts des Glaubens, der sich in Gebet, Gottesdienst und ehtisch/sozialethischem Handeln ausdrückt, nicht hingenommen werden. Sehr wohl können mehrere Glaubensverständnisse der Einheit im Glauben dienen, zumal jedes Glaubensverständnis von sich aus schon nur dem lebendig gelebten Glauben dienen will.

Weiters muß viertens[6] ein mangelndes ökumenisches Methodenbewußtsein namhaft gemacht werden, das im zwischenkirchlichen Lehrgespräch beobachtbar ist; jedenfalls ist eine klare Methode aus den Konvergenz- und Konsenstexten nicht oder nur schwer zu erkennen. Alle wollen eine Einheit in Vielfalt. Über die Vielfalt selbst als Konstitutionsprinzip der Einheit wird aber faktisch nicht nachgedacht. Sie wird offenkundig als Bedrohung der Einheit empfunden, nicht jedoch als konkrete Gestalt und als lebendige Darstellung der Einheit. Hinter dem in ökumenischen Gesprächen verwendeten Einheitsverständnis leuchtet unverkennbar trotz aller gegenteiligen Beteuerungen ein absolutistisches Einheitsverständnis auf, das Einheit mit Einheitlichkeit ständig verwechselt. Wer lebendige Einheit will, muß die Einheitlichkeit nicht nur deklamatorisch, sondern auch wirklich ablehnen und sie nicht insgeheim doch ersehnen. Einheit absolut begriffen ist der Abbruch des Lebens, ist tote Einheit. Lebendige Einheit ist nur vielfältig möglich: je vielfältiger desto lebendiger.

Ein fünfter Grund muß schließlich im evangeliumswidrigen absolutistischen römischen Zentralismus und dessen Spiegelung in manchen Ortskirchen gesehen werden. Der in ihm mitgesetzte Macht- und Superioritätsanspruch, der für die Kirchenspaltungen des zweiten christlichen Jahrtausends verantwortlich zu machen ist, sollte mit diesem Zentralismus jedenfalls nicht mit ins dritte Jahrtausend übernommen werden. Der Kirche Roms, die sich als Kirche in der Nachfolge Petri begreift, wird es nicht erspart werden können, wirklich zur Kenntnis zu nehmen, daß sich alle anderen christlichen Kirchen als Kirchen in der Nachfolge Petri verstehen (so die

Ostkirchen) bzw., wenn sie wollen, verstehen können. Glühende Nachfolge Jesu gepaart mit dem Verrat des Herrn ist in dieser Gestalt des Petrus wohl keiner Kirche fremd. Wer aber geht hinaus, wie Petrus dies tat, „und weinet bitterlich"? Da geschichtlich konkret alle in der Nachfolge des Petrus stehen, wenn sie Jesus nachfolgen, macht es keinen Sinn, hier Exklusivität und Singularität beanspruchen zu wollen. Ein Nachfolger, der sich in die Schar der Nachfolgenden einreiht, steht der Wiederherstellung der Gemeinschaft der christlichen Kirchen nicht im Wege. Diese künftige Communio der christlichen Kirchen wäre auf diese Weise auch eine Communio mit dem Papst, nicht aber eine solche unter ihm.

Kein Grund zur Resignation

Es können sicher noch manche andere Gründe für gegenwärtige Stagnationen und Irritationen auf dem ökumenischen Feld namhaft gemacht werden. Hier seien lediglich diese fünf Gründe genannt. Stagnationen und Irritationen seien aber kein Grund zur Resignation, sondern Ansporn zur weiteren Arbeit an der christlichen Ökumene. Ökumene ist nämlich neben manchem anderen auch „binnenchristliche Friedensarbeit". Indem Christen in der Ökumene sowohl privat als auch öffentlich den binnenchristlichen Frieden und die Versöhnung konkret einüben, tragen sie zur Abrüstung gesellschaftlich höchst relevanten ideologischen Kriegsmaterials bei. Dies Tun mag Christen auch sehen lehren, das Gespräch dort für sinnvoll zu halten und zu suchen, wo sie bisher nur Gegner und Feinde vermuteten. Binnenchristliche Friedensarbeit in der Ökumene könnte somit beitragen, eine neue Qualität des Umgangs von Menschen mit ganz verschiedenen Einsichten und Überzeugungen zu eröffnen, die denen gut ansteht, die in ihrem Gottesdienst den Friedensgruß praktizieren und vom Frieden Gottes mitten in dieser Welt sprechen und ihn als deren Heil verkünden.

Anmerkungen:

1. So auch ausdrücklich in dem „Schreiben der deutschen Bischöfe über das priesterliche Amt. Eine biblisch-dogmatische Handreichung", Trier 1969, Nr. 36, S. 57–59, vor allem S. 58.

2. Vgl. den Kommentar zu „Lumen gentium", Nr. 15, von A. Grillmeier, in Lthk, Erg. Bd. I (1966), S. 202.
3. Siehe ausführlich H. Küng, Die Kirche, Freiburg – Basel – Wien 1967, S. 492f.
4. H. Fries – K. Rahner, Einigung der Kirchen – Reale Möglichkeit, Freiburg – Basel – Wien 1983.
5. Siehe ausführlich die DÖSTA – Studie, verf. v. J. Brosseder, L. Klein – K. Raiser „Theologie der Ökumene – Ökumenische Theoriebildung", in: Ökumenische Rundschau 37 (1988), S. 205–221.
6. Zum Problem siehe ausführlich die in Anm. 5. erwähnte Studie.

Geschichte der Ehe- und Sexualmoral im Blick des Konzils

von Bernhard Häring

Um die Stellungnahme des II. Vatikanischen Konzils und weiterhin den Konflikt um die Enzyklika Humanae vitae einigermaßen verstehen zu können, müssen wir uns in einem kurzen Überblick die Theologie- und Kirchengeschichte auf diesem Felde einigermaßen vergegenwärtigen.

Bis zum Ausgang des 19. Jahrhunderts standen sich innerhalb der ganzen Kirche, besonders aber in der westlichen (lateinischen) Kirche, zwei konfliktierende Sichtweisen und Auffassungen gegenüber. Die Päpste neigten mal mehr zur einen oder zur andern Sicht, versuchten jedoch nie, sich nachdrücklich für die eine oder andere Seite endgültig zu engagieren.

Die sexualrigoristische und sexualpessimistische Richtung hat ihre Urväter in Gregor von Nyssa, Augustinus und in etwas gemäßigter Weise in Thomas von Aquin.

Ausgangspunkt war bei Gregor von Nyssa und vielen seiner Nachbeter die Überzeugung, daß die Schöpfung zweigeschlechtlicher Menschen, die nur durch eine geschlechtliche Vereinigung Leben weitergeben können, bloß aus dem „Zweiten Schöpfungsplan“, im Blick auf den Sündenfall zu erklären sei. Der ursprüngliche Plan hätte eine Weitergabe auf engelgleiche Weise vorgesehen. Die Vertreter dieser Richtung zogen mit eiserner Logik die praktischen Konsequenzen: 1) Der Geschlechtsverkehr, auch der eheliche, ist seiner Natur nach entwürdigend, eine Art Delirium. Nur die harte Tatsache, daß es keinen anderen Weg zur Weitergabe des menschlichen Lebens gebe, „entschuldige“ den ehelichen Verkehr. Die Zeugungsabsicht müsse bei jedem ehelichen Verkehr ausdrücklich erweckt werden. Und mit Augustinus fügten viele hinzu: Selbst in diesem Falle dürften sich die Eheleute nicht am Geschlechtsverkehr freuen. „Nur mit tiefem Bedauern steigt so tief herab, da es sich ja doch um eine Strafe jenes Adams handelt, von dem wir abstammen“ (Augustinus). Weiterhin lehrte diese Richtung, Geschlechtsverkehr, ganz gleich wie er vollzogen werde, sei verboten zu all jenen Zeiten, in denen aktuell eine Zeugung unmöglich ist (Zeit der Schwangerschaft, nach der Menopause). 2) Gegen extreme Richtungen des Manichäismus vertrat man jedoch die Gutheit der Weitergabe des Lebens, aber oft mit der Beifügung: Im Unterschied zum Alten Testament soll man dabei sparsam umgehen; denn die Erde sei ohnehin schon übervoll – also ja keinen „unnötigen" ehelichen Geschlechtsverkehr. 3) Zusätzliche Gründe für Sexualrigorismus: Bis ins achtzehnte Jahrhundert waren Kirchenmänner und die meisten Ärzte der Überzeugung, daß der Mann allein der Zeuger sei; im männlichen Samen sei schon der homunculus, der Mensch in Kleinformat, vorgegeben. Darum versündige man sich sowohl beim abgebrochenen ehelichen Verkehr wie auch bei jeder „Masturbation" gegen das Leben, ähnlich wie bei der Abtreibung. Erst seit zwei Jahrhunderten wissen die Gebildeten, daß die Frau ebenso ihren Beitrag liefert (also nicht bloß Empfangsplatz ist) und daß der Mann Millionen von Spermien produziert. Man kann nur mit Staunen feststellen, daß Moraltheologen noch bis in unser Jahrhundert hinein unkritisch von jener Sichtweise ausgingen und von dort her die Kriminalisierung sowohl des, wie sie sagten, „Eheonanismus", wie auch der männlichen Selbstbefriedigung fortsetzten.

Doch mit allem Nachdruck muß gesagt werden, daß es neben der eben beschriebenen sexualpessimistischen Sicht auch eine ganz entgegengesetzte theologische Tradition gab. Sie geht radikal von der biblischen Sicht aus, während Gregor von Nyssa, Augustinus usw. in der Bibel keinen Rückhalt hatten.

Als den wohl klarsten Vertreter dieser sexualoptimistischen Ehelehre nenne ich den großen Kirchenlehrer Gregor von Nazianz. Er pries in großartigen Hymnen seine Mutter, die den zunächst noch heidnischen Mann (den Vater von Gregor) durch die Zärtlichkeit der ehelichen Umarmung und all ihrer ehelichen Liebe für den Glauben gewann, und zwar so sehr, daß sein Vater später ein heiligmäßiger Bischof wurde. Ganz ähnliche Lieder verfaßte Gregor zur Vermählung seiner Schwester.

Diese Linie hat große Vertreter im Verlauf der Kirchengeschichte, vor allem in den Ostkirchen. Ich nenne für den Osten den hl. Chrysostomus (Mönch und später Patriarch von Konstantinopel). Für den Westen nenne ich Dionysius den Karthäuser. Als man ihn fragte, wieso er als Mönch zu einer so positiven Wertung der ehelichen Liebe, einschließlich der geschlechtlichen Vereinigung gekommen war, nannte er als einen der Gründe die Tatsache, daß er über Ehe nichts geschrieben habe, ohne vorher vorbildliche, glückliche Eheleute zu befragen.

Als Redemptorist nenne ich stolz meinen Ordensstifter, den hl. Alfons von Liguori, der sich in seiner Moraltheologie und noch mehr in seinen pastoralen Anweisungen ganz ausdrücklich von Augustinus und sogar von Thomas von Aquin distanzierte, trotz seiner großen Bewunderung für diese zwei Kirchenlehrer auf anderen Gebieten. Ihnen gegenüber lehrte er mit allem Nachdruck, daß der eheliche Verkehr aufgrund seines unerläßlichen Sinnzieles – gegenseitige Hingabe und Stärkung des Treuebandes – aus sich selbst (auch ohne irgendeine Art von „Entschuldigung“ durch die Zeugungsabsicht) „gut und ehrbar ist“. Und er fügt betont bei: „hoc est de fide“ : Das gehört aufgrund der Schrift zum Glauben. In bezug auf den Zeugungszweck sagt er, daß er zwar innerwesentlich zum Ehebund und zur ehelichen Keuschheit gehöre, aber nicht unabdingbar. Sünde ist für diesen Strom der Tradition nur der willkürliche Ausschluß der Zeugung, sei es in der Ehe als ganzer oder im einzelnen ehelichen Akt.

Diese grundsätzliche Sicht der Sinnziele der Ehe und des ehelichen Aktes spiegelt sich auch in der Kasuistik wider, z. B. in der Frage, wie sich die Frau verhalten müsse, wenn sie weiß, daß der Mann den ehelichen Verkehr abbrechen werden, um eine ihm nicht verantwortlich erscheinende Schwangerschaft zu vermeiden. Alfons gibt die zwei gängigen „Lösungen“ der strengen Tradition an: die Frau solle sich wehren wie eine vergewaltigte Jungfrau oder – so die „mildere Richtung“ – sie solle den Verkehr rein passiv über sich ergehen lassen. Dann aber sagt Alfons mit aller Klarheit, daß nach seiner Überzeugung die richtige Lösung darin bestehe, dem Gatten mit aller Liebe den Verkehr zu gewähren. Den Beichtvätern aber gibt er generell den Rat, sie sollen in bezug auf den sogenannten Ehe-Onanismus von sich aus nicht darauf zu sprechen kommen, sondern nur auf eventuelle Fragen der Gatten antworten. Es soll nicht verschwiegen werden, daß in anderen Punkten der Sexualmoral Alfons ziemlich streng ist, aber doch nicht so rigoristisch wie die typischen Vertreter der strengen augustinischen Sexualmoral.

Rom ließ noch im Verlauf des 19. Jahrhunderts auf verschiedene Anfragen hin die Beichtväter wissen, daß sie sich den Weisungen des hl. Alfons ungestört anschließen dürfen.

Der strengste Sexualpessimismus wurde durch Jansenismus und Rigorismus seit dem siebzehnten Jahrhundert weit verbreitet. Doch bis Leo XIII. tolerierte Rom den vorgegebenen Pluralismus. Die Wende zeigte sich gegen Ende des letzten Jahrhunderts, jedoch erst die Enzyklika „Casti connubii“ von Pius XI. (1930) machte zeitweise dem Pluralismus der Lehrmeinungen ein radikales Ende. Die augustinische Sicht wird in fast allen Fragen, vor allem aber im Grundansatz feierlich – wenn auch nicht als Dogma – verkündet: 13 Mal wird auf Augustinus verwiesen, und zwar auf seine radikalsten Texte, nie werden Alfons und die Traditionen, für die er stand, erwähnt. Der Ausschluß des Zeugungszweckes bei einem ehelichen Akt wird nicht nur als schwere Sünde, sondern auch als crimen (Verbrechen) eingestuft. Die Beichtväter müssen auf genaues Bekenntnis und Versprechen der Besserung dringen.

Im übrigen wachte das Hl. Offizium mit aller Strenge und bestrafte jede abweisende Meinungsäußerung. Die Vorbereitungskommission für das Konzil verfaßte ein „Schema dogmaticum“ zu Fragen über Ehe, Keuschheit und Zölibat, worin die Lehre von Casti connubii ein für alle mal festgeschrieben werden sollte. Der Entwurf wurde allen Konzilsteilnehmern vor Beginn zugesandt, kam aber im Konzil in keiner Weise zum Zug. Er wurde nicht einmal einer Diskussion für würdig empfunden.

Die Sicht des II. Vatikanischen Konzils

Im Klima der Ära Johannes' XXIII. und des Konzils wagten nun auch Priestertheologen – wie schon vorher viele Laien –, den Rigorismus und die augustinische Sicht anzufechten. In der Subkommission, die als Teil des Schemas „Kirche in der Welt von heute“ ein Kapitel über die Ehe abzufassen hatte, setzte sich die alfonsianische Tradition, aber gereinigt und vertieft, durch. In der Plenarsitzung sprachen die einflußreichsten Konzilsväter wie Kardinal Döpfner, Kardinal Suenens und der melkitische Patriarch Maximos Saigh ganz offen gegen den Sexualrigorismus und Pessimismus von Casti connubii und der augustinischen Tradition. Sie erhielten starken Beifall von der großen Mehrheit. Kardinal Ottaviani gab ihnen in der Aula eine scharfe Antwort. Auch er erhielt starken und lange dauernden Beifall, aber nur von wenigen Händen, wie alle feststellen konnten. Auf höheren Befehl wurde dann die Diskussion in dieser Frage beendet, obwohl sich noch viele Konzilsväter zu Wort gemeldet hatten.

Nach der vorletzten Abstimmung über das Ehekapitel und das Gesamt der Konstitution „Kirche in der Welt von heute“ und nach Bearbeitung der „modi“ (Verbesserungsvorschläge) der Konzilsväter kam überraschend eine Anzahl von „modi“ ganz im Geiste von Kardinal Ottaviani und der härtesten Sätze von Casti connubii. Es herrschte in der Gesamtkommission, die für „Gaudium et spes" (Kirche in der Welt) zuständig war, äußerste Spannung.

Die höchsten Vertreter des Hl. Offiziums, vor allem die Kardinäle Ottaviani und Brown riefen laut: „Der Papst hat gesprochen. Die Sache ist entschieden." Die führenden Männer der Mehrheit gingen jedoch zum Papst selbst und erhielten die Antwort, es sei Sache der Kommission zu entscheiden, wie weit sie auf diese „modi" eingehen wolle. Man ging insofern darauf ein, daß einige nicht eindeutige Verbesserungsvorschläge in den Text eingefügt wurden und in einer Fußnote vermerkt wurde, daß sich in einigen Fragen der Methode der verantworteten Elternschaft der Papst nach Anhören der dafür bestimmten Kommission von Fachleuten entscheiden werde. So kam es zu einem Kompromiß, den die Mehrheit annahm, um nicht den ganzen Entwurf „Kirche in der Welt von heute" zu Fall zu bringen.

Die Grundstruktur von Gaudium et spes Artikel 47–52 ist eindeutig: In Art. 47 werden die anstehenden Probleme offen angesprochen. So wird unter anderem gesagt: „Das Gewissen der Menschen wird beunruhigt. Andererseits zeigen sich Bedeutung und Stärke von Ehe und Familie als Institution gerade auch dadurch, daß sogar die tiefgreifenden Veränderungen der heutigen Gesellschaft trotz aller daraus entstehenden Schwierigkeiten sehr oft die wahre Eigenart dieser Institution in der verschiedensten Weise deutlich werden lassen."

Art. 48 behandelt die Ehe als „heiligen Bund, der durch ein unwiderrufliches personales Einverständnis gestiftet wird". Vom freien Akt des sakramentalen Ja-Wortes wird gesagt, daß sich darin „die Eheleute gegenseitig schenken und annehmen". Gott „bleibt bei ihnen, damit die Gatten sich in gegenseitiger Hingabe und ständiger Treue lieben. Echte eheliche Liebe wird in die göttliche Liebe aufgenommen." Aus dem ganzen Artikel wird klar, daß die Echtheit der ehelichen Liebe auch der Mutterboden wahrhaft menschlicher Fruchtbarkeit ist. Es wird schlechthin ausgeschlossen, daß die eheliche Liebe nach den „Zeugungszweck" als zweitrangig eingestuft werden könnte. Und zu eben dieser Liebe gehört auch die volle eheliche Umarmung.

Das wird ganz besonders deutlich ausgeführt in Art. 49: „Diese Liebe wird durch den eigentlichen Vollzug der Ehe in besonderer Weise ausgedrückt und verwirklicht. Jene Akte also, durch die die Eheleute innigst und lauter eins werden, sind von sittlicher Würde; sie bringen, wenn sie human vollzogen werden, jenes gegenseitige Übereignetsein zum Ausdruck und vertiefen es, wodurch sich die Gatten gegenseitig in Freude und Dankbarkeit reich machen". – Deutlicher könnte man der augustinischen Sicht, wonach die geschlechtliche Vereinigung einer „Entschuldigung" durch die direkte Zeugungsabsicht bedürfte, nicht absagen. In Artikel 50 wird ergreifend schön dargestellt, daß die volle eheliche Liebe, zu der auch die dankbare Freude am geschlechtlichen Einswerden der Gatten gehört, die vornehmste Quelle der wahrhaft menschlichen Fruchtbarkeit ist, die sich in Kinderfreudigkeit ausdrückt, aber auch bei ungewollter Kinderlosigkeit sich auf vielfältige andere Weise als Segen für viele erweist.

Was die erwünschte Kinderzahl und die Abstände zwischen den einzelnen Schwangerschaften betrifft, also die Frage bewußt verantworteter Weitergabe des Lebens, sagt das Konzil lapidar: „Dieses Urteil müssen im Angesicht Gottes die Eheleute selbst fällen." Damit ist jener auf Casti connubii aufbauenden Beichtpraxis, wonach Kinder anzunehmen sind, wie Gott sie schenkt, der Boden abgegraben. Der Beichtvater und jedermann muß das Gewissen der Gatten in dieser Frage respektieren. Es wird freilich auch im Konzilstext einiges gesagt über die Gesichtspunkte und Werte, die das Gewissen der Gatten beachten wird (auch in Art. 87 von „Kirche in der heutigen Welt", wo über das Bevölkerungswachstum als ein brennendes Problem wohl abgewogene Worte gesagt werden).

Es soll hervorgehoben werden, daß die Konzilstexte die Frage der Weitergabe im Gegensatz zu Casti connubii nicht von der Methode oder einer Methode der Empfängnisregelung her aufrollen, sondern erst nach gründlicher Darlegung des Sinnes von bewußt verantworteter Elternschaft (in Art. 50) dann auch einiges über das brennende Problem der Methoden aussagen, aber nicht in der Sicht von „Methode", sondern unter der bezeichnenden Überschrift „Wie sich die Pflege ehelicher Liebe und die Weitergabe des Lebens miteinander vereinbaren lassen" (Art. 51). Und so wird das Problem deutlich angesprochen: Es geht „um die Wahrung ehelicher Liebe und Treue" gerade auch dann, „wenn die Zahl der Kinder nicht mehr vermehrt werden kann". Warnend sagt das Konzil (offenbar gegen augustinischen Sexualpessimismus): „Wo nämlich das intime eheliche Leben unterlassen wird, kann nicht selten die Treue als Ehegut in Gefahr geraten und das Kind als Ehegut in Mitleidenschaft gezogen werden; denn dann werden die Erziehung der Kinder und auch die tapfere Bereitschaft zu weiteren Kindern gefährdet." Das Problem wird also deutlich angesprochen – und zwar ganz anders als in der augustinischen Sicht, die in Casti connubii klassisch zum Ausdruck kam, wonach es nur die Alternative gab: entweder ausdrückliche Zeugungsabsicht oder bloßes Frönen der Lust.

Als allgemeines Kriterium wird folgender Satz (Art. 51) ganz allgemein zu gelten haben: „Wo es sich um den Ausgleich zwischen ehelicher Liebe und verantwortlicher Weitergabe des Lebens handelt, hängt die sittliche Qualität der Handlungsweise nicht allein von der guten Absicht und Bewertung der Motive ab, sondern auch von objektiven Kriterien, die sich aus dem Wesen der menschlichen Person und ihrer Akte ergeben und die sowohl den vollen Sinn gegenseitiger Hingabe als auch den einer wirklichen humanen Zeugung in wirklicher Liebe wahren."

In letzter Stunde wurde dann die Beantwortung der von Papst Paul VI. übersandten „modi" beigefügt: „Das ist nicht möglich ohne den aufrichtigen Willen zur Übung der Tugend der ehelichen Keuschheit." Ich stoße mich an diesem Satz nicht wie jene, die vermuten, daß hier Keuschheit nach dem Modell zölibatärer Enthaltsamkeit gemeint sein könnte. Es heißt ja ausdrücklich „eheliche Keutschheit"; diese kann und darf nicht von der Sicht jener Enthaltsamkeit her gedeutet werden, die zweifellos zölibatärer Keuschheit eigentümlich ist. Im Vorausgehenden ist doch wohl ganz klar vom Konzil ausgesprochen, daß die eheliche Keuschheit von der Pflege der ehelichen Liebe in allen Dimensionen abhängt.

Dann folgt der weitere Satz, der auch in letzter Stunde eingefügt wurde: „Von diesen Prinzipien her ist es den Kindern der Kirche nicht erlaubt, in der Geburtenregelung Wege zu beschreiten, die das Lehramt in Auslegung des göttlichen Gesetzes verwirft." In der Kommission bestand man auf Einfügung der Worte „in Auslegung des göttlichen Gesetzes", um so jeder legalistischen Fehldeutung vorzubeugen.

Diesem letzten Satz ist dann die Fußnote 118 beigefügt, worin zuerst auf den harten Kern von Casti connubii hingewiesen wird, aber mit dem Verweis auf eine Ansprache von Pius XII. an die Hebammen vom 29. 10. 1951 und eine bedeutsame Ansprache von Paul VI., die eine Wende und Neubesinnung, ein neues Suchen ankünden. Dann heißt es: „Bestimmte Fragen, die noch sorgfältiger Untersuchungen bedürfen, sind auf Anordnung des Heiligen Vaters der Kommission für das Studium des Bevölkerungswachstums, der Familie und der Geburtenhäufigkeit übergeben worden, damit, wenn diese Kommission ihre Aufgabe erfüllt hat, der Papst die Entscheidung treffe. Bei diesem Stand der Doktrin beabsichtigt das Konzil nicht, konkrete Lösungen unmittelbar vorzulegen."

Zu diesem Text ist noch einiges anzumerken:

Der Ausdruck „Kinder der Kirche" entspricht nicht dem sonstigen Wortschatz der Konzilsdokumente, wo der Ton auf der Kirche als Volk Gottes, als Gemeinschaft der Söhne und

Töchter Gottes überwiegt. Der Ausdruck „Kinder der Kirche" klingt in den Ohren vieler etwas paternalistisch. Ich glaube nicht, daß dies bewußt gewollt wurde. Der Hinweis auf harte Texte von Casti connubii in der Fußnote wird nicht als Neubekräftigung jener Absätze auszulegen sein, wie manche es gerne sehen möchten. Jedenfalls lag dies nicht in der Absicht der Konzilskommission, die den Text in Eile formulierte. Eine Begründung für meine Auffassung sehe ich auch darin, daß unmittelbar anschließend auf zwei Texte hingewiesen wird, in denen die bewußte Wahl jener Tage für den ehelichen Verkehr gestattet wird, an denen aller Wahrscheinlichkeit nach eine Empfängnis nicht möglich ist. Ich erinnere den Leser, daß bis zur Ansprache vom 29. Oktober 1951 deutsche Diözesen allen Veröffentlichungen, die aus guten Gründen die Beschränkung des ehelichen Verkehrs auf die unfruchtbaren Tage für sittlich stattbar erachteten, das Imprimatur verweigerten, zumal der sehr einflußreiche Konsultor des Hl. Offiziums und Hauptredakteur von Casti connubii, Franz Xaver S. J., in öffentlichen Stellungnahmen immer wieder betont hatte, daß das Gestatten der periodischen Enthaltsamkeit als Mittel und Weg, eine unerwünschte Empfängnis zu verhüten, dem Geist und Buchstaben von Casti connubii absolut widerspreche.

In der Tat ist mit der Freigabe der sogenannten „natürlichen Methoden" der Empfängnisvermeidung der augustinischen Sexualmoral das Auge herausgeschnitten. Die Fußnote 118 macht deutlich, daß hier eine wichtige Interpretation und wohl auch gewichtige Modifizierung von Casti connubii nicht zu übersehen sei. Darüber hinaus bleibt gerade im Kontext deutlich, daß die Frage studiert wird, ob in bezug auf eine Festlegung auf eine einzige Methode schon eine Antwort reif sei.

Natürlich ist zu vermerken, daß die Fußnote 118 Erwartungen geweckt hat, die durch Humanae vitae nicht eingelöst wurden. Seltsam ist es jedoch, daß trotz der klaren Aussage über das von der päpstlichen Kommission zu studierende Problem der Mythus aufkommen konnte, Papst Paul habe eine „Pillenkommission" eingesetzt.

Zu dem mir hier gestellten Thema gehört nicht die Enzyklika Humanae vitae wie auch nicht die gegenwärtigen Diskussionen. Mit geht es hier um grundsätzliche Sichtweisen, die nie aus dem Auge verloren werden dürfen. Dazu sei nur auf das Wichtigste hingewiesen:

1. Entscheidend ist die klar positive Wertung menschlicher Sexualität, auch von Eros und Sexus in der Ehe, aber immer in der Gesamtschau ganzheitlicher Liebe und Berufung.

2. Es darf nicht mehr, wie weithin vor dem Konzil, die Methodenfrage in den Mittelpunkt gestellt werden. Die grundle-

gende Entscheidung der Gatten ist nächst der Pflege echt ehelicher ganzheitlicher Liebe die bewußt verantwortete – vor Gott verantwortete! – Entscheidung über die Weitergabe des Lebens nach Zahl und Abständen; dann erst kommt die Frage des „Ausgleichs zwischen der Pflege ehelicher Liebe und der verantworteten Weitergabe des Lebens". Es geht also immer schon um mehr als um bloße Methoden.

3. Im Lichte der Konzilstexte kann man nicht mehr die plumpe Alternative aufstellen: entweder auf Zeugung ausgerichtete Akte oder bloßes Frönen der Lust. Das Konzil sah die Komplexität der Probleme und sprache sie an in einer Art und Weise, die uns einen sinnvollen Dialog möglich macht, auch bei allen Unterschiedlichkeiten in Einzelfragen.

4. Das Konzil hat bewußte Empfängnisverhütung ein für alle Male entkriminalisiert. Auch Humanae vitae spricht in keiner Weise mehr die Sprache von Casti connubii. Es geht nicht um ein „crimen", wenn man sich in der Methodenfrage „vertut", sondern um menschliche Komplexitäten, begreifliche menschliche Schwachheit und ähnliches.

5. Jeder Versuch einer Rückkehr zur augustinischen Sicht von Sexualität, konkret von Sexualität in der Ehe, ist schlechthin unmöglich. Formuliert man Grundsätze in Wiederholung längst vergangener Texte, so muß man sich bewußt werden, was für eine Weltanschauung und was für ein mangelhaftes Wissen um die Vorgänge bei der Weitergabe des Lebens dahinter standen.

Es ist ferner zu bedenken, daß in den heutigen Auseinandersetzungen keine solchen Klüfte vorliegen wie zwischen dem Sexualpessimismus eines Gregor von Nyssa und dem ganz anderen Bilde von der Würde ehelicher Sexualität bei Gregor von Nazianz und bei jenen vielen Theologen und Seelsorgern, die ihm folgten.

Anmerkungen:

1) Alle im folgenden Text angegebenen Aussagen sind belegt in folgenden meiner Veröffentlichungen: Brennpunkt Ehe. Heutige Probleme und Perspektiven in Tradition und Lehramt, Bergen-Enkheim 1968; Krise um „Humanae vitae", Bergen-Enkheim 1968; ferner im Kapitel „Befreiende Wahrheit der sexuellen Sprache" in: B. Häring, Frei in Christus, Herder, Freiburg 1989, Bd. II, 464-535.

2) Zum Konzilstext über Ehe in der Pastoralkonstitution, über die Kirche in der Welt von heute, Art. 46-52 siehe meine Einleitung und meinen Kommentar in Lexikon für Theologie und Kirche,

Das Zweite Vatikanische Konzil, Herder, Freiburg 1968, S. 423-447. Zur Vorgeschichte, Geschichte und Nachgeschichte von der Konzilslehre über Ehe und Sexualität vgl. mein jüngstes Buch, Meine Erfahrung mit der Kirche, Herder, Freiburg 1989, S. 52–188.

3) Die hochgehenden Wogen erklären sich teilweise durch den Umstand, daß die Vorlage dieser „modi“ in diesem späten Augenblick eindeutig den von Papst Johannes XXIII. und Paul VI. erlassenen Vorschriften und Regelungen für den Konzilsablauf widersprachen; denn wenn einmal ein Konzilstext die erforderte Mehrheit für Approbation erreicht hatte, konnten nur mehr modi berücksichtigt werden, die generell auf der Linie des gebilligten Textes lagen, nicht aber modi, die den Grundanliegen des Textes diametral widersprachen.

4) Durch diese personalistische Formulierung wollte die zuständige Konzilskommission einem naturalistischen Fehlschluß vorbeugen, der sich an entscheidenden Stellen von Casti connubii findet.

5) Meines Erachtens hatte Hürth recht; denn Casti connubii ging es ja nicht um bloße Verwerfung von künstlichen Methoden, sondern um ganz grundsätzliche Verwerfung jedes Versuches, den ehelichen Verkehr von der direkten Hinordnung auf Zeugung zu lösen. Casti connubii kannte nur die Alternative: entweder ehelicher Verkehr für Zeugung oder aber egoistisches Suchen von böser Lust. Es geht nunmehr um die Frage, wie die eheliche Liebe aufrechterhalten und sorgfältig gepflegt werden kann, wenn eine Weitergabe des Lebens zeitweise oder für immer auszuschließen ist.

6) Die Mitglieder der Konzilskommission, die die Fußnote redigierten, wußten aus einer gemeinsamen Sitzung mit Mitgliedern der päpstlichen Kommission für die Fragen der Bevölkerung, daß dort die Meinung vorherrschte, der Papst solle sich nicht auf eine konkrete Methode festlegen, sondern grundsätzlich betonen, alles sei zu vermeiden, was Gewissen und Gefühl des Partner verletzt und der wahren Liebe nicht dienlich ist.

Gewissen: Der aufrechte Gang

von Dietmar Mieth

Obwohl das Wort „Gewissen“ in Gesellschaft und Kirche inflationär gebraucht wird, gehört es zu den Worten, über die man am wenigsten nachdenkt. Für die einen ist das Gewissen nichts anderes als das persönliche Interesse – sie brauchen also das Wort Gewissen nur, um ihrem Interesse Gewicht zu geben. Für die anderen ist das Wort Gewissen nur ein anderes Wort für Gehorsam – sie brauchen das Wort Gewissen nur, wenn sie den Gehorsam loben und den Widerspruch tadeln wollen. In Wirklichkeit kommen beide Typen ganz gut ohne Gewissen aus. Wir sollten also vorsichtig sein, wenn vom Gewissen die Rede ist. Politiker reden vielleicht vom Gewissen und denken an Strategie – die Moral als Waffe im Kampf um die Macht. Kirchliche Obere machen vielleicht ihr Gewissen geltend, wenn sie etwas vorschreiben wollen. Viele von uns machen ihr Gewissen geltend, wenn sie sich auf ihre Vorurteile zurückziehen.

Dazu ist zu sagen: Das Gewissen macht man nicht geltend, wenn es einem in den Kram paßt. Das Gewissen macht sich selber geltend, oft wenn es uns gar nicht in den Kram paßt. Was das Gewissen ist, ist uns nicht im letzten verfügbar. Wir wissen, daß es ein Gewissen gibt, aus der Erfahrung seiner Widerfahrnis. Diese Erfahrung hört nicht auf. Daraus lernen wir, daß das Gewissen im Werden ist, einen Prozeß darstellt, der uns zugleich vorgegeben und aufgegeben ist. Das ist ähnlich in den Maximen unserer Moral wie in den Bekenntnissen unseres Glaubens. Es handelt sich um letzte Überzeugungen, von denen Paulus sagt: „Alles, was nicht aus (Glaubens-) Überzeugung geschieht, ist Sünde“ (Röm 14,23). Der bekannte Sozialphilosoph Jürgen Habermas sagt es ganz ähnlich: „Moralisch gut ist, wer unter Streßsituationen seine moralischen Maximen aufrechterhalten kann.“ Maximen sind letzte Grundsätze der Vernunft und des Glaubens in Sachen der sittlichen Richtigkeit. Sie sind, um eine von Alfons Auer sprachlich präzis gefaßte Unterscheidung zu gebrauchen, „personal angeeignete" im Gegensatz zu „sozial auferlegter" Sittlichkeit. Wir sind sie selbst vor dem Anspruch unserer eigenen Personwürde. Ein sozial gesteuertes Regelgewissen oder ein Über-Ich zerstören das Gewissen, sie bauen es nicht auf. Ebensowenig tut dies die aus Interesse und Neigung stammende Willkür. Gewissensfreiheit steht in unseren Verfassungen, die letzte Verbindlichkeit des Gewissens gehört zur großen Tradition der christlichen Ethik. Aber was heißt das, und wann wird das konkret?

Verantwortung

Wenn das Gewissen weder Gehorsam ist noch Willkür, dann kommt ihm „Verantwortung" am nächsten, denn in ihr sind Aufmerksamkeit und Gehorsam, Freiheit und Pflicht in einer guten Synthese zusammengefaßt. Syn-eidesis, conscientia, Ge-wissen – die Vorsilbe steht im Griechischen, Lateinischen und im Deutschen für dieses „zusammen".

Wir brauchen „Gewissen" mindestens in dreifacher Hinsicht. Erstens – und das ist eher selten – in der Extremsituation. Wer sittlich richtig handelt, obwohl er Angst hat (um sein Leben, um seinen Ruf, um seinen Besitz), obwohl er sich selbst dabei riskiert, der wird mit seinem Gewissen, als Ruf „zur Sorge um das eigene Selbst" (Heidegger), zu moralischer Selbstachtung und Hingabefähigkeit konfrontiert. Niemand kann ihm diesen Ruf und diese Antwort, also die „Verantwortung" abnehmen.

Zweitens brauchen wir Gewissen als letztes praktisches Urteil. Obwohl uns die von uns selbst frei anerkannten Normen, manchmal auch die uns problematisch erscheinenden Normen, Orientierung geben und obwohl wir unser Gewissen im Alltag meist fraglos danach ausrichten, muß uns doch klar sein: Normen gelten ebensowenig wie die grammatischen Regeln in der Sprache für alle möglichen und denkbaren Fälle. Das Gewissen übernimmt hier die letzte Diagnose und die Anwendung des moralischen Formates der Person, ihrer sittlichen Vernunft, auf das einzelne Tun. Manchmal müssen wir auch ein Gesetz im Sinne der größeren Gerechtigkeit interpretieren, die es nur unzulänglich zum Ausdruck bringt.

Drittens brauchen wir das Gewissen als Bedingung der richtigen sozialen Institution, sei es Gemeinschaft („Communio") oder Gesellschaft („Societas"). Das ist vielleicht die große humanistische Erkenntnis der letzten Jahrhunderte, der Aufklärung („Mündigkeit") und der politischen Demokratie („Befreiung"). Ohne Respekt vor dem Gewissen – im Sinne der letzten, keinem Gemeinwohl unterzuordnenden personalen Verantwortung – muß jede Gemeinschaft oder Gesellschaft zu einem gefräßigen totalitären System verkommen, das seine Untertanen mit äußerem Druck und innerer Qual (oder Lust!) anpassungsfähig und verfügbar macht. In der Religionsfreiheit, im Minderheitenschutz, ja auch im zivilen Ungehorsam wird die Personwürde im Gewissen und seiner Verantwortung zu einer konstruktiven sozialen Institution.

Dieser öffentlich-strukturellen Gewissensfunktion kann sich kein System entziehen, das sich am Kriterium der christlichen Sozialethik ausrichtet: Die Würde der Person gilt vor dem Recht der Strukturen. Auch die Kirche kann sich diesem Anspruch, den sie selbst erhebt, nicht entziehen, theologisch schon deshalb nicht, weil sie den Zusammenhang von Menschwerdung und Menschenwürde behaupten muß. Das Gerede für und wider die „Demokratisierung" greift hier nicht. Die Kirche bräuchte um ihre Identität als gottmenschliches Heilszeichen und als „Communio" nicht zu bangen, wenn sie den Menschen nicht nur theoretisch, sondern auch praktisch zubilligt, aus der Gewissensverantwortung in Glaubens- und Sittensachen mitzudenken, mitzureden, mitzuhandeln.

Angst vor „Demokratisierung"?

In jedem Fall bleibt das praktische Urteil des Gewissens als letzte Instanz. Es kann nicht schlechthin durch einen authentischen Lehrentscheid präjudiziert werden. Auch an einen Erfahrungsgrundsatz ist zu erinnern: je allgemeiner ein Gesetz, umso offener in der Anwendung; je kasuistischer die Gesetze, umso größer die Lücken zwischen ihnen. In jedem Fall läßt sich das „iudicium ultimum practicum", das letztinstanzliche praktische Urteil des Gewissens nicht ausschalten, ohne zugleich eine große katholische Tradition aufzugeben.

Bischof Ludwig Averkamp von Osnabrück hat in der Diskussion um die „Kölner Erklärung" mit Recht darauf hingewiesen, daß das Gewissen kein „Alternativbegriff" zur Norm ist und daß es zu seiner Bildung der Orientierung bedarf. Er hat jedoch auch „in Anwendung einer alten Lehre der Moraltheologie festgestellt": „Wenn jemand nach gründlicher und ehrlicher Auseinandersetzung mit einer Norm zu einem andersgearteten Gewissensurteil kommt, dann ist dieses Gewissensurteil für ihn bindend, auch wenn es irrig sein sollte ... Wenn ein Christ sich eingehend und ehrlich mit diesen Fragen, mit der Lehre und mit ihrer Begründung auseinandergesetzt hat und nach persönlichem Studium und Urteil zu einer anderen Entscheidung kommt, dann – so sagt die Königsteiner Erklärung – ist dies zulässig, weil es sich bei dem Verbot bestimmter Methoden der Empfängnisverhütung nicht um eine endgültige Lehrentscheidung handelt." Diese Anwendung eines eigenen Lehrschreibens der deutschen Bischöfe „zum Umgang mit Äußerungen des Lehramtes" sei „bis heute zweifellos gültig".

Zur Sorge vatikanischer Stimmen, die Theologen könnten „einen Irrtum in das moralische Gewissen der Eheleute hineintragen", sind die katholischen Christen selbst zu befragen. Ein Teil von ihnen, der der Kirche lau und relativ gleichgültig gegenübersteht, bemerkt eher die Stimme des Papstes; theologische Aussagen interessieren diesen Teil kaum. Ein anderer Teil, der in geschlossener und autoritativer Katholizität zu leben wünscht, wird durch theologische Kritiken nicht in seinem Sexual-Verhalten berührt. Jene Katholiken aber, die meist zugleich engagiert und kritisch sind, wissen mit dem praktischen Urteil des Gewissens umzugehen. Die Rede von der „Irritation des Gewissens" ist oft nur eine Angst vor der Mündigkeit.

Theoretisch könnte neben dem außerordentlichen Lehramt des Papstes auch das ordentliche Lehramt aller Bischöfe mit dem Papst zu Lehren mit Anspruch auf „Infallibilität" gelangen. „Humanae vitae" gilt zwar als authentisch, aber nicht als infallibel. So wurde die Enzyklika auch 1968 von Kardinal Lambruscini im Auftrag Pauls VI. vorgestellt. Manche Tendenzen römischer Äußerungen weisen darauf hin, daß man diese Ausgangslage anders sieht oder sehen möchte. Vor allem die letzte Instruktion der Glaubenskongregation scheint eine Enzyklika vorzubereiten, welche die Geburtenregelungsnorm in die Nähe einer Glaubensdefinition rückt und das Problem der öffentlichen theologischen Diskussion strikt entzieht.

Zur Verkündigung authentischer Lehren sei an Karl Rahners Kommentar zur Frage der „rechten Erhellung und angemessenen Darstellung" der Wahrheit (Lumen Gentium 25) erinnert: „Das ist als sittliche Pflicht der Träger des Lehramtes zu verstehen ... Die apta media (geeigneten Mittel) bestehen in einem immer neuen Umgang mit der Schrift, mit der theologischen Arbeit ... und deren freier und unbefangener Diskussion (Hervorhebungen von mir), in dem lebendigen Kontakt mit dem sensu fidei (Glaubenssinn) der Gesamtheit der Gläubigen, die im Glauben nicht als ganze irren kann, im ökumenischen Dialog, in der Beachtung der ‚Hierarchie der Wahrheiten des Glaubens' ... in einem offenen und mutigen Dialog mit der geistigen und gesellschaftlichen Welt der eigenen Zeit ... in einem sinnvollen Berücksichtigen der ‚öffentlichen Meinung in der Kirche'." Daß es auch eine Pflicht der Theologen zur sorgfältigen Interpretation authentischer Lehren gibt, wird gegenwärtig zur Genüge betont – dazu gehört aber auch die sorgfältige Wiedergabe der Art der Lehrautorität, ihrer geeigneten Mittel und ihrer Grenzen.

Angst vor der Mündigkeit

Die Feinde des Gewissens heißen Vermessenheit und Angst. Finden wir im „Gotteskomplex" moderner Mentalität oft Vermessenheit, so finden wir im Obrigkeitssinn der Bürger und im Kleinglauben der Christen, vor allem in der Wagenburgmentalität ihrer Kirchenleitung, oft die nackte Angst, die in Aggression gegenüber den Regungen der Mündigkeit umschlägt. Angst erzeugt Angst – „Angst essen Seele auf" (Faßbinder). Es gibt nur ein Rezept gegen die Vermessenheit: die Verantwortung. Es gibt nur ein Rezept gegen die Angst: die Verantwortung. Und Gewissen kann nur entstehen, wo Mündigkeit und Mitverantwortung vorausgesetzt und vorweggenommen werden, wo sie noch nicht „da" sind, wo es den Anschein hat, als fehlten sie, und wo sie unbequem sind. Wer das Gewissen will, muß Bedingungen schaffen, die den aufrechten Gang ermöglichen.

Kirche und Weltreligionen

von Hans Küng

Langsam rar werden sie, die noch aktiv am Zweiten Vatikanischen Konzil von 1962–1965 teilgenommen haben, als Konzilsbischöfe oder Konzilstheologen. Und da mag es angebracht sein, an einiges zu erinnern, was man selber miterlebt hat und was sonst vielleicht vergessen werden könnte.

Im nachhinein sieht man vieles klarer. Daß Johannes XXIII. und das Zweite Vatikanische Konzil die große Wende in der Kirchengeschichte des 20. Jahrhunderts brachten, war uns damals allen klar: die Wende von der Anti-Haltung zur „Apertura", zum „Aggiornamento", zum „Dialog", zum „Ökumenismus". Aber erst im nachhinein ist mir im Zusammenhang der Analyse der vier oder fünf epochalen Wechsel der Gesamtkonstellation (=Paradigma) in der zweitausendjährigen Geschichte des Christentums so ganz deutlich geworden, vor welcher Riesenaufgabe das Konzil damals stand: Im Grunde ging es darum, gegen den anhaltenden Widerstand der römischen Kurie schon damals, für die bis dahin im mittelalterlich-gegenreformatorisch-antimodernistischen Paradigma verharrende katholische Kirche zwei Paradigmenwechsel auf einmal – zwei epochale Wechsel also der Gesamtkonstellation – einzuleiten, beziehungsweise soweit wie möglich nachzuvollziehen:

• Erstens den reformatorischen Paradigmenwechsel: Aufwertung der Bibel und der Verkündigung im Gottesdienst, Zulassung der Volkssprache und des Laienkelches, aktive Partizipation der Gemeinde, Aufwertung der Laienschaft als Volk Gottes (durch Pfarr- und Diözesanräte), Einbindung des Papstes in die Kollegialität der Bischöfe, Ernstnehmung der lokalen und nationalen Kirchen (Bischofskonferenzen).

• Zweitens den neuzeitlich-aufklärerischen Paradigmenwechsel: Anerkennung der Menschenrechte und vor allem der lang verurteilten Religions- und Gewissensfreiheit, Bejahung des ebenso verurteilten Ökumenismus und schließlich eine veränderte Einstellung der Kirche zur Wissenschaft, zum Fortschritt und zur modernen säkularen Welt überhaupt (Abschaffung des Anti-Modernisten-Eides und des Index der verbotenen Bücher, der fast alle großen Namen der Moderne von Descartes und Galilei bis zu Unamuno und Jean-Paul Sartre umfaßte).

Nicht erstaunlich, daß dies nur mit zum Teil verhängnisvollen Kompromissen möglich war. Alle nach vorne weisenden Aussagen der Konzilsdekrete stehen jedoch mit dem einen oder dem anderen der beiden Paradigmenwechsel in Zusammenhang. Und in Zusammenhang gerade mit dem zweiten Paradigmenwechsel, der Wende zur Moderne, steht nun auch die Frage, die den Mittelpunkt dieses Beitrages bilden soll: das neue Verhältnis zum Judentum, zum Islam und zu den übrigen Weltreligionen. Eine Problematik, der gegenüber auch noch Luther und die Reformation weithin versagt hatten und die erst von der Aufklärung konstruktiv angegangen worden war. Der Ökumenismus also nicht nur ad intra (zwischen den christlichen Kirchen), sondern auch der Ökumenismus ad extra: unter den Weltreligionen (und Weltregionen).

Das Judentum als Katalysator

Als Katalysator für eine eigene Konzilserklärung zu den Weltreligionen hatte vor allem – zusammen mit der Forderung nach Religions- und Gewissensfreiheit – das Judentum gewirkt. Es war allerdings nicht der deutsche Episkopat – dem dies sehr wohl angestanden hätte -, der in dieser heiß umstrittenen Frage des Konzils hauptsächlich engagiert war, sondern der nordamerikanische, wobei Kardinal Cushing von Bosten (dem ich viel zu verdanken habe) und besonders die Kardinäle Ritter von St. Louis und Mayer von Chicago, beide deutscher Abstammung, die führende Rolle spielten. Wichtig waren in diesem Zusammenhang auch zwei Juden deutscher Herkunft, die zum Christentum konvertiert hatten und katholische Theologen und Priester geworden waren: Prälat Johannes Oesterreicher, Direktor des Instituts für jüdisch-christliche Studien an der Seton-Hall-Universität in den USA, der dann später im „Lexikon für Theologie und Kirche" zur Konzilserklärung über die Juden („Nostra aetate" Nr. 4) eine ausführliche Vorgeschichte und Textgeschichte verfassen sollte, und dann als Redakteur der Texte selber, der an der University of Toronto lehrende Theologe Gregory Baum. Wichtig schließlich vor allem der 1960 zum Präsidenten des neuen Sekretariats für die Einheit der Christen ernannte deutsche Jesuitenpater und Kardinal Augustin Bea, dessen Stab mit Johannes Willebrands als Sekretär für die neue Erklärung über das Judentum zuständig wurde.

Wer aber war es, der nun gerade das Judentum zu einem Hauptthema des Konzils machte? Es war auch in dieser Frage jener Papst, der als erster ökumenischer Papst der neueren Kirchengeschichte der größte unseres Jahrhunderts sein dürfte: Johannes XXIII., der zum großen Erstaunen der Welt schon kurz nach seiner Wahl 1959 aus den Karfreitagsfürbitten den Ausdruck „pro perfidis judaeis“ ausmerzen ließ; der aus dem Weihegebet des Menschengeschlechts an das Herz Jesu eine andere antijüdische Passage, noch von Pius XI. eingefügt, kurzerhand strich; der dem damals wirkenden Anwalt des Judentums, dem französischen Historiker Jules Isaac, schon 1960 eine Audienz gewährte und der schließlich noch im selben Jahr über hundert amerikanische Juden empfing, die ihm als dem früheren Apostolischen Delegaten in der Türkei für seine mehrfachen Bemühungen um die Errettung von Juden in der nationalsozialistischen Verfolgungszeit danken wollten.

Ja, die katholische Kirche und das Judentum haben es diesem Papst zu verdanken, daß das Konzil den Plan zu einer Erklärung über das Verhältnis der Kirche zum jüdischen Volk auf die Tagesordnung setzte. Kein Wunder und doch welches Wunder: Als der Papst – nur fünf Jahre hatte sein epochaler Pontifikat gedauert – im Sterben lag, betete für ihn auf dem Petersplatz zusammen mit den Christen auch der Oberrabbiner von Rom mit einer Anzahl römischer Juden.

Der Streit um die Judenerklärung

Leider hat der gutmeinende und gutwillige, aber letztlich kurialistisch denkende Nachfolger, Paul VI. Montini, diesen Kurs von Papst Johannes nicht, wie erwartet, mit der nötigen Entschlossenheit weitergeführt. Und so geriet, zusammen mit dem Text über die Religionsfreiheit, auch der über die Juden während des Konzils zwischen die Räder der vatikanischen Obstruktionsmaschinerie – mit der Folge, daß eine Erklärung über die Juden beinahe erledigt worden wäre. Der erste Entwurf sah ein eigenes „Dekret über die Juden“ vor. Aber schon im zweiten Entwurf war dessen Integration als Kapitel 4 des Ökumenismusschemas vorgesehen, im dritten Entwurfd sollte es schließlich zu dessen „Anhang“ hinabgestuft werden. Es folgte dann im September 1964 eine große Debatte in der

Konzilsaula, aufgrund derer man bereits mit der Annahme der „Judenerklärung“ trotz der öffentlich angemeldeten Opposition arabischer Regierungen und arabischer katholischer Bischöfe rechnete.

Doch hatte die Judenerklärung ihre kritische Phase noch vor sich. Ich erinnere mich genau, wie wir damals (ich wohnte in einem römischen Quartier zusammen mit französischen und amerikanischen Bischöfen und Konzilstheologen) am Freitagabend, dem 9. Oktober 1964, auf vertraulichem Weg die Nachricht erhielten, daß „in höherem Auftrag“ mit der Erklärung über die Religionsfreiheit auch die über die Juden erneut durch eine kurial dominierte Sonderkommission „überprüft“ und diese dann stark verkürzt kurzerhand in die Konstitution über die Kirche eingefügt werden sollte.

Wir überlegten an jenem Freitagabend gemeinsam, was zu tun sei, und am nächsten Vormittag habe ich Karl Rahner, der Kardinal König ansprechen sollte, und Josef Ratzinger, der mit Kardinal Frings reden sollte, telefonisch um ihre Unterstützung gebeten und sie auch erhalten. Die Franzosen und die Amerikaner alarmierten französische und amerikanische Kardinäle. Schon am Sonntag, dem 11. Oktober hatten sich in der Residenz von Kardinal Frings vierzehn führende Kardinäle – darunter auch die Kardinäle Alfrink von Utrecht und König von Wien – versammelt, die ein Schreiben an den Papst verfaßten, das mit den Worten begann: „Magno cum dolore ...“ Zugleich orientierte ich die Vatikan-Korrespondenten einiger Weltblätter – von der FAZ über den römischen Mesaggero bis zur New York Times – über die neueste Entwicklung, so daß am Montag darauf diese Affaire überall die Titelseite bestimmte.

Das Resultat: Das Einheitssekretariat blieb für den Text zuständig, die Judenerklärung blieb auf der Tagesordnung des Konzils, ja, sie wurde nun – auf Wunsch vieler Bischöfe aus dem nahen und fernen Osten, aus Indien und Afrika – zum Herzstück einer umfassenden Erklärung über das Verhältnis der Kirche zu den Weltreligionen überhaupt. Natürlich war die Opposition gegen die Judenerklärung in und außerhalb des Konzils noch längst nicht erloschen, und während einige Bischöfe ein klares Schuldbekenntnis der katholischen Kirche wegen der Judenverfolgung forderten, war die kuriale Minderheit von der Angst beherrscht, daß die katholische Kirche und ihr Lehramt irgendwelche Verirrungen offen zugeben würde. Auch hier hat das Konzil Kompromisse gemacht: In der Letztfassung wurde bei aller Mißbilligung des Judenhasses und der Judenverfolgung das Wort „condemnare“ (verurteilen, verdammen) unterdrückt; nur „deplorare“ (beklagen, beweinen) wurde beibehalten. Trotzdem blieb alles theologisch Entscheidende stehen, und in der feierlichen Schlußabstimmung am 28. Oktober blieben nur 88 Bischöfe bei ihrem Nein, während 2221 ein Ja aussprachen.

Was im Text selber steht, brauche ich hier nicht im einzelnen zu wiederholen. Neben der Beklagung „aller Haßausbrüche, Verfolgungen und Manifestationen des Antisemitismus" sind vor allem die negativen, selbstkritischen Aussagen wichtig: daß Jesu Tod „weder allen damals lebenden Juden ohne Unterschied, noch den heutigen Juden zur Last gelegt werden" könne; daß die „Juden nicht als von Gott verworfen oder verflucht" dargestellt werden dürften. Oder ins Positive gewandelt: Wiewohl die Juden das Evangelium nicht angenommen hätten, seien sie „immer noch von Gott geliebt um der Väter willen"; seien sie doch „seine Gnadengaben" und sei Gottes „Berufung unwiderruflich". Das gemeinsame positive Erbe Israels und der Kirche wird vom Ursprung her herausgestellt.

So bedeutet denn die Erklärung des Vatikanum II über die Juden eine epochale Wende für die ganze Christenheit, die auch durch die gegenwärtig wieder erneut reaktionär-restaurative römische Kurie nicht rückgängig gemacht werden kann. Folgten dieser Erklärung doch schon damals die Dokumente des Weltrates der Kirchen (1968), die der holländisch-reformierten Synode (1970), der französischen katholischen Bischöfe (1973) und der konfessionellen Weltbünde, schließlich – erst 35 Jahre bzw. 40 Jahre nach Kriegsende! – die Studie „Christen und Juden" des Rates der Evangelischen Kirche in Deutschland (1975) und die „Erklärung über das Verhältnis der Kirche zum Judentum" (1980) der deutschen katholischen Bischöfe. Überall wurden jetzt Gemeinsamkeiten zwischen Juden und Christen festgestellt, wobei vor allem fünf Punkte grundlegend sind:

- der gemeinsame Glaube an den einen Gott Abrahams, Isaaks und Jakobs, Schöpfer und Erlöser der Welt und des Menschen;
- die gemeinsame Sammlung heiliger Schriften (der Tanach oder das Alte Testament) als gemeinsame Glaubensquelle;
- der in vielem (Psalmen, Lesungen, in vielen Grundzügen und vielen Einzelheiten) gemeinsame Gottesdienst;
- das ihnen gemeinsame, von den Zehn Geboten gekennzeichnete Ehtos der Gerechtigkeit und der Gottes- und Nächstenliebe;
- die trotz allen Haders gemeinsame Geschichte Gottes mit seinem Volk, deren Vollendung, in voller Gemeinschaft mit Gott, Juden und Christen erwarten.

Natürlich sind mit solchen Erklärungen die Probleme noch keineswegs bereinigt: Nicht nur warten wir auf die schon längst überfällige Anerkennung des Staates Israel durch den Vatikan, der jahrhundertelang ein Zentrum des christlich-unchristlichen Antisemitismus, besser Antijudaismus war, und der mehr Anlaß dazu hätte als die meisten anderen Staaten dieser Welt. Vielmehr ist immer wieder in verschiedenen Ländern der Erde ein verdeckter oder offenkundiger Antijudaismus virulent: erschreckend besonders die antijüdischen Äußerungen und die Schändung jüdischer Friedhöfe im deutschen Sprachraum, beschämend aber auch die weitverbreitete antijüdische Stimmung in Polen, wo doch praktisch (nach Pogromen selbst noch nach dem Abzug der deutschen Truppen durch Polen selbst!) kaum noch Juden zu finden sind.

Gemeinsamkeiten auch mit den Muslimen

Über die anderen Religionen wurde in der Konzilsaula kaum ernsthaft diskutiert. Sonderarbeitsgruppen arbeiteten die Erklärungen über den Islam, den Hinduismus und Buddhismus und über die Religionen im allgemeinen aus. Mir scheint in diesem Zusammenhang besonders wichtig, daß in der gegenwärtigen Weltlage die positiven Aussagen über den Islam ebenso ernst genommen werden müssen wie die über das Judentum. Für einen künftigen „Trialog" lassen sich die theologischen Gemeinsamkeiten zwischen Juden, Christen und Muslimen unter vier Gesichtspunkten zusammenfassen:

1. Die grundlegende Gemeinsamkeit zwischen Juden, Christen und Muslimen besteht im Glauben an den einen und einzigen Gott, der allem Sinn und Leben gibt. Dieser Ein-Gott-Glaube ist für den Islam eine schon mit „Adam" gegebene Urwahrheit; in dem einen Gott ist die Einheit des Menschengeschlechts und die Gleichheit aller Menschen vor Gott begründet. Und was immer man von der christlichen Trinitätslehre zu sagen haben wird: Auch diese will den Glauben an den einen und einzigen Gott ja nicht in Frage stellen, sondern explizieren. Das heißt: In der Frontstellung gegen den heidnischen Polytheismus sind Judentum, Christentum und Islam sich ebenso eins wie gegen moderne Götter aller Art, die den Menschen zu versklaven drohen. Ja, Judentum und dann auch Christentum haben schon längst vor dem Islam die alten Götter des Pantheon gestürzt.

2. Einig sind sich Juden, Christen und Muslime im Glauben an den geschichtlichen Gott, den Gott, der Anfang und Ende setzt. Dies ist ein Gott, der nicht nur in der Art der Griechen die „Arche“, das erste Prinzip der Natur ist, der Urgrund von allem was ist, sondern der als Schöpfer der Welt und des Menschen die Geschichte trägt und sie vollendet: der eine Gott Abrahams, der durch die Propheten spricht und sich so offenbart, wenngleich sein Handeln immer wieder neu ein unerforschliches Geheimnis bleibt. Gott ist der Geschichte gewiß transzendent, aber doch auch immanent: dem Menschen näher als seine eigene Halsschlagader, wie es im Koran so plastisch heißt, was von der islamischen Mystik breit entfaltet wird. Ja, Gott ist es auch, der die Geschichte von Mensch und Welt ans Ende führt und voll-endet.

3. Einig sind sich Juden, Christen und Muslime im Glauben an den einen Gott, der für sie – obwohl unsichtbar alles umgreifend und durchwaltend – ein ansprechbares Gegenüber ist; anredbar in Gebet und Meditation, zu loben in Freude und Dankbarkeit, anzuklagen in Not und Verzweiflung: ein Gott, vor dem der Mensch „aus Scheu ins Knie fallen“, „beten und opfern“, „musizieren und tanzen kann“, um hier ein zukunftsbezogenes berühmtes Wort von Martin Heidegger aufzugreifen.

4. Einig sind sich Juden, Christen und Muslime schließlich auch im Glauben an den barmherzigen, gnädigen Gott: an einen Gott, der sich der Menschen annimmt. Die Menschen werden im Koran wie in der Bibel „Knechte Gottes“ genannt, womit keine Versklavung unter einen Despoten, sondern die elementare menschliche Kreatürlichkeit gegenüber dem Schöpfer und Vollender zum Ausdruck gebracht ist. Das arabische „ar-Rahman“, der „Erbarmer“, hängt etymologisch zusammen mit dem hebräischen „rahamim“, welches zusammen mit „hen“ und „hesed“ das Wortfeld für das neutestamentliche „charis“ und unser Wort „Gnade“ darstellt. Gott kann nach einzelnen Sätzen der Bibel oder des Korans als Willkürgott erscheinen, aber nach dem Gesamtzeugnis der Bibel und des Korans ist Gott entscheidend ein Gott der Gnade und der Barmherzigkeit.

Drei religiöse Stromsysteme

Doch Judentum, Christentum und Islam bilden nur den einen großen Strom in der Religionsgeschichte der Menschheit.

Neben diesem Strom der drei Religionen semitisch-nahöstlichen Ursprungs mit prophetischem Charakter gibt es das zweite große Stromsystem der zur Einheit tendierenden „mystischen“ Religionen indischen Ursprungs, vor allem des Hinduismus und Buddhismus, zu denen sich das Konzil ebenfalls sehr positiv geäußert hat.

Wie alle Völker, haben auch die Hindus Gott als Ursprung und letztes Ziel. Sie erforschen sein „Geheimnis und bringen es in einem unerschöpflichen Reichtum von Mythen und in tiefdringenden philosophischen Versuchen zum Ausdruck und suchen durch ... vertrauende Zuflucht ... Befreiung von der Enge und Beschränktheit“ dieser Welt. In diesem Vertrauen suchen auch die Buddhisten „entweder den Zustand vollkommener Befreiung ... oder – sei es durch eigene Bemühung, sei es vermittels höherer Hilfe – ... höchste Erleuchtung“.

Schließlich gibt es aber auch noch einen dritten Religionsstrom fernöstlich-chinesischen Ursprungs, der weisheitliche Prägung zeigt: Konfuzianismus und Taoismus, denen das Konzil aber – da in der Zeit des Maoismus Religion in China keine Rolle zu spielen schien – keine Aufmerksamkeit schenkte. Heute aber wird sich das Christentum auch mit diesen fernöstlichen Religionen neu auseinanderzusetzen haben.

Die Herausforderung der Zukunft

Nicht nur die Kirche, sondern auch die einzelnen Menschen stehen angesichts der verschiedenen Weltreligionen vor großen Herausforderungen. Und es ist ein epochales Verdienst des Konzils, dies frühzeitig erkannt zu haben.

Denn ob Gläubige oder Ungläubige, ob Angehörige von christlichen Kirchen oder Politiker, Ökonomen, Manager, Diplomaten, Pädagogen, Journalisten – für sie alle gilt: Die Weltreligionen sind in einer zunehmend vernetzten, vielfach zusammengewachsenen Welt als Herausforderung nicht länger zu ignorieren. Wer heute die Welt verstehen will, wer heute die großen Kulturräume dieser Erde auch nur annähernd begreifen will, kommt um eine Auseinandersetzung mit Großmächten ganz anderer Art, den „Weltreligionen“, nicht herum. Viele im Westen, die mit der neuzeitlichen Religionskritik, die sich auf das Christentum bezog, meinten, Religion verabschiedet zu haben, stellen erstaunt fest: In anderen Teilen dieser Erde ist sie eine lebensmächtige Kraft geblieben, die Einfluß auf Köpfe und Herzen der Menschen behalten will.

Das gilt für den Nahen und Mittleren Osten ebenso wie für die großen Räume Asiens und Ozeaniens. Das gilt für Afrika nicht minder als für weite Teile Süd- und doch auch Nordamerikas.

Eine Herausforderung aber auch von ungeheurer Dringlichkeit: Bedenkt man die politische Gefährlichkeit der Weltreligionen, wenn sie, statt Kriege zu verhindern, Kriege ideologisch schüren; bedenkt man umgekehrt die ungeheure Chance, die es bedeuten könnte, wenn sich alle großen Religionen gemeinsam für die Befreiung dieses Globus einsetzen würden; bedenkt man ferner die Tatsache, daß die Zeit einer eurozentrischen, kolonialistischen und imperialistischen Moderne vorbei ist und wir in ein neues postmodernes und dies heißt, polyzentrisches und in diesem Sinne auch multireligiöses Zeitalter hineinwachsen, so stellen sich sehr grundsätzliche Fragen wie diese: Wie läßt sich die Herausforderung der Weltreligionen geistig-theologisch annehmen? Wie steht es um die Wahrheitsfrage? Lassen sich die Weltreligionen überhaupt miteinander vergleichen? Dürfen sie sich gegenseitig kritisieren? Ist Dialog zwischen so heterogen scheinenden Phänomenen überhaupt sinnvoll?

In der Tat ein komplexes Unternehmen und doch sind Vergleiche zwischen den Religionen auf verschiedenen Ebenen nicht nur sinnvoll, sondern auch notwendig. Da sind erstens die großen Personen, Gestalten oder Leitfiguren, von denen alle Religionen – im Unterschied zu den Philosophien – bestimmt bleiben: Diese verkündeten ja nicht nur eine Lehre, sondern durchlebten auch ein ganz persönliches Schicksal: ein Schicksal, das von Anfang an auch eine Nachfolge herausforderte. Und wenn man sich überlegen müßte, welches halbe Dutzend großer Gestalten die Weltgeschichte bestimmt haben und bis heute für Abermillionen von Menschen auf dieser Erde bestimmend geblieben sind, dann würde man gewiß nicht an Kyros den Großen, Alexander den Großen, Cäsar Augustus, Friedrich den Großen oder Napoleon denken, sondern an eben diese unter sich so verschiedenen, ganz anders großen Gestalten wie Krishna und Buddha, Konfuzius und Muhammad und – für Christen – an Jesus von Nazaret. Jede dieser Figuren hat in der je eigenen Tradition einen verschiedenen „Stellenwert“ und auch die Rückfrage nach den geschichtlichen Ursprüngen in den verschiedenen Religionen ist bisher noch durchaus verschieden weit fortgeschritten.

Vergleichen muß man aber auch zweitens die gewachsenen differenzierten Lehr- und Lebenssysteme der verschiedenen Religionen – ich selber habe beides durchgeführt in Zusammenarbeit mit meinen Kollegen der Religionswissenschaft, Josef van Ess, Heinrich von Stietencron, Heinz Bechert und

Julia Ching in den Publikationen „Christentum und Weltreligionen" (1984) sowie „Christentum und Chinesische Religion" (1988). Solche Vergleiche dürfen aber nicht auf Kosten des anderen durchgeführt werden, indem das Positive der eigenen Religion nur mit dem Negativen der anderen Religion in Verbindung gebracht wird, um so den anderen zur negativen Kontrastfolie für die eigene, umso strahlender erscheinende Religion zu reduzieren. Noch darf man gleichsam popularwisseschaftlich, einfach vom Status quo der gewachsenen Religionen ausgehen und Gewordenes miteinander vergleichen. Es braucht vielmehr ein komplexes historisches Bewußtsein auf dem gegenwärtigen Niveau der wissenschaftlichen Forschung und in Kenntnis der oft jahrtausendealten Geschichte der großen Religionen und der verschiedenen Paradigmenwechsel, welche diese Religionen im Verlauf ihrer Geschichte durchgemacht haben.

Daß sich aber ein religiöser Standpunkt und eine innere Offenheit gegenüber anderen Traditionen nicht ausschließen müssen, habe ich programmatisch im eben erschienenen Buch „Projekt Weltethos" dargelegt: Erst das tiefe Verwurzeltsein in der eigenen Tradition und Religion ermöglicht Selbstvertrauen, Kraft und Freude, sich auf die anderen in größtmöglicher Offenheit einzulassen. Ein solches Unternehmen ist nicht das einer in sich selbst kreisenden Wissenschaft, sondern das einer Theologie, die sich im besten Sinn des Wortes als eine ökumenische, als eine welt-politische Theologie begreift: eine Theologie des Friedens! Geht es dieser Theologie doch nicht nur um den Seelenfrieden des einzelnen, so wichtig gerade auch er in einer Zeit des hektischen Aktivismus ist, sondern geht es in letzter Konsequenz um nicht mehr und nicht weniger als den Frieden der Welt. Ich bin der Überzeugung, daß die Welt friedlicher, humaner, gerechter und versöhnter sein könnte, wenn die Weltreligionen gemeinsam an einem Programm der Humanisierung, Ethisierung, Befriedigung und Versöhnung arbeiten würden. Kein Friede unter den Nationen ohne Friede unter den Religionen!

Kirche und Medien, Meinungsfreiheit in der Kirche

von Hermann Boventer

Der Schriftsteller Frank Thiess hat bereits in den zwanziger Jahren den Journalismus als die wahre Kirche des modernen Zeitalters bezeichnet. Damals steckte die Medienentwicklung noch in den Kinderschuhen. Neue Informations- und Kommunikationstechnologien sind hinzugetreten. Ein elektronisches Netzwerk überzieht mit seinen spektakulären Möglichkeiten den ganzen Erdkreis, und niemand kann sich heute den Wirkungen der Massenmedien mit ihrem Orientierungsangebot und ihrer Propaganda entziehen. Vor allem ist mit dem neuen Leitmedium des Fernsehens etwas Umfassendes entstanden, das auch den Lebensraum der Kirche einschließt.

Die „Glaubenspropaganda" der Medien konkurriert heute in einer bisher nie dagewesenen Weise mit den traditionellen Lebensmächten der Religion und eines kirchengebundenen Christentums. Die im Jahre 1971 vom Vatikan veröffentlichte Medienerklärung, die sogenannte Pastoralinstruktion „Communio et Progressio", hat diesen Erkenntnisstand vom umfassenden Charakter der Medienkultur in eindrucksvoller Weise zum Ausgangspunkt ihrer Argumentation gemacht. Die Instrumente der sozialen Kommunikation, heißt es dort, „entwickeln sich noch ständig weiter und stehen einer wachsenden Zahl von Menschen in zunehmendem Maße leichter zur Verfügung. Sie umgreifen mehr und mehr ihre Denk- und Lebensweise und dringen durch ihre Technik immer tiefer darin ein ... Sie vermitteln nämlich jedermann ein Bild des Lebens in der heutigen Welt und öffnen Geist und Sinn für die gegenwärtige Zeit. Sie sind daher geradezu unabdingbar, um die innersten, immer noch wachsenden Beziehungsgeflechte und Leistungen unserer Gesellschaft zu ermöglichen."[1]

In den USA operiert die Fernsehforschung von George Gerbner und seiner Annenberg School of Communication seit längerem mit dem Begriff der Religion.[2] Gerbner hat aus der Vielseherforschung die sogenannte Kultivierungshypothese abgeleitet. Das Medium definiert die soziale Realität in Übereinstimmung mit den vorherrschenden „Mythen“ des Fernsehprogramms und kultiviert dann entsprechend die Gefühlswelt und das Wertverhalten der Menschen. Eine Lebenswelt entsteht, die von quasi-religiösen Prägekräften kultiviert wird: „Television may indeed be the established religion of the industrial order.“[3] Der Religionsbegriff wird hier nicht differenziert, sondern steht als Chiffre für medienbestimmte Mythen. Fernsehen ist ein Medium, das nur dem Anschein nach ein „profanes“ ist. Ein symbolisches Milieu bringt Sinngebungen hervor, aus denen die Menschen leben.

Günter Kunert hat in einem Referat „Unsicherheit, Angst, Verweigerung von Realitäten – Was regt die Gesellschaft auf? Was läßt sie kalt?“ zur Rezeption des Fernsehens sich in ganz ähnlicher Weise geäußert: „Die sichtliche Sinnlosigkeit einer expandierenden Menschheit, ihre durch nichts legitimierte Anwesenheit im Universum, aus dem Gott emigriert ist, bringt überhaupt erst die besondere Anziehungskraft des Fernsehens hervor. Der dem Dasein des Subjekts entzogene Sinn kehrt auf der Mattscheibe zu ihm zurück. Die Marionetten des neuen Zaubertheaters agieren innerhalb eines nicht in Frage gestellten Sinn-Zusammenhanges. Jeder Schritt, jede Geste, jedes Wort sind von einem Sinn, von einem End-Sinn mit Erlösungsstimmung gezeichnet und geprägt.“[4]

Diese merkwürdige „Kumpanei von Mensch und Fernsehen“, wie Kunert formuliert, diese neue Verhältnisbestimmung von Menschen, Medien und Mächten ist nicht unser Thema, sondern uns interessiert im Zusammenhang mit „Kirche und Medien“ vor allem, daß die publizistische Dimension heute in den Lebensraum der Kirche unabdingbar hineinverwoben ist, sofern diese Kirche etwas mit dem Leben zu tun haben will. Glaube ist öffentlich – oder er ist in der modernen Gesellschaft und Lebenswelt überhaupt nicht mehr existent.

I. Rückschau: Medien sind „Geschenke Gottes“

Das Zweite Vatikanum mit seiner neuen Sichtweise des Verhältnisses von Evangelium und Kultur war die entscheidende Inspiration für den geistigen Durchbruch der Pastoralinstruktion „Communio et Progressio“. Sieben Jahre nach dem Konzilsdekret „Inter Mirifica“, das hinsichtlich einer realistischen Einschätzung des Journalismus und der Medien noch grpße Schwächen zeigte und deshalb von den Konzilsvätern zur weiteren Beratung zurückgestellt wurde, ist unter

Beteiligung von 28 Ländern am 23. Mai 1971 die Pastoralinstruktion „Communio et Progressio" von der Päpstlichen Kommission für die Instrumente der sozialen Kommunikation veröffentlicht worden. Die Instruktion kam zwar verspätet, aber sie konnte jetzt in einer mehr ausgereiften Form vorgelegt werden, um den Geist des Zweiten Vatikanums in die Medienpraxis umzusetzen. Dieses „Aggiornamento" ist, richtet sich der Blick auf die Lehre und auf die Abkehr von den vorkonziliaren Lehrtraditionen, in repräsentativer Weise gelungen.

Michael Schmolke rezensierte damals die deutsche Übersetzung mit der Bemerkung, nun seien die Journalisten, „Stand der notorisch Unbotmäßigen, der Halbgebildeten", alle amtlich rehabilitiert. „Der ganze Stand kehrt – zunächst auf dem Papier (wie es sich für ihn schickt) – aus der Verbannung am Rande des unehrlichen Handwerks zurück."[5] In der Kirche darf jetzt nicht nur Paulus zum „Publizisten" avancieren, sondern Christus selbst wird als „Meister der Kommunikation" gekennzeichnet. „Tatsächlich ist Kommunikation mehr als nur Äußerung von Gedanken oder Ausdruck von Gefühlen; im Tiefsten ist sie Mitteilung seiner selbst in Liebe."[6] Mit solchen Hinweisen ist für die geforderte Theologie (noch) nicht viel geleistet, aber wichtig ist die Bejahung der Medien als „Instrumente der sozialen Kommunikation" im Kontext von „Gemeinschaft und Fortschritt", wichtig ist deren Einstufung als „Geschenke Gottes", weil sie „nach dem Ratschluß der göttlichen Vorsehung die Menschen brüderlich verbinden, damit diese im Heilswerk Gottes mitwirken."[7]

Maßgebend ist auch, daß Journalismus und Medien in ihrem kulturellen und professionellen Eigengewicht anerkannt werden. Den Sachgesetzen des journalistischen Handelns wie Aktualität, Interesse an Neuigkeiten, Ausschnitthaftigkeit von Nachrichten, aufklärerisches und kritisches Selbstverständnis, Herstellung von Öffentlichtkeit und öffentlicher Meinung (auch in der Kirche) wird Geltung verschafft. Ausdrücklich wird hervorgehoben, daß die Kommunikationsmittel ihren vollen Beitrag zur Entfaltung des Menschen nur leisten können, wenn derjenige, der sie gebraucht, auch das Wesen und den Umgang mit ihnen beherrscht. „Wer ihre Bedeutung nur oberflächlich kennt, schmälert leicht den Verfügungsraum seiner Freiheit."[8] Soweit von Wahrheit als dem obersten Ziel der sozialen Kommunikation gesprochen wird, ist die Argumentation für die Dialektik von Wahrheit und Freiheit in den Medien offengeblieben:

„Wie kann in der sogenannten pluralistischen Gesellschaft das Wahre vom Falschen, das Gute vom Bösen sicher unterschieden werden? Wie kann man verhindern, daß im freien Wettbewerb der Medien die Jagd nach der Gunst des Publikums sie dazu zwingt, die egoistischen und vitalen Antreibe der menschlichen Natur einseitig anzusprechen und aufzureizen? Wie läßt sich vermeiden, daß durch die Konzentration der Medien in den Händen ganz weniger ein wirkliches Gespräch in der Gesellschaft verhindert und die Gemeinschaft zerstört wird? Wie muß man mit den Medien umgehen, damit nicht durch die technisch vermittelte Kommunikation, vor allem wenn sie im Bild wirksam wird, die personalen Beziehungen Schaden leiden?"[9)]

Es mutet heute schon fast wie ein Wunder (des Heiligen Geistes) an, wie diese „Instructio" über die Medien dem alten Geschlossenheitsdenken aus der Ideologie der „societas perfecta" eine Abfuhr erteilt hat und wie der journalistische Freiheitsgedanke mit seinen Topoi von Öffentlichkeit, öffentlicher Meinung und Pluralismus konstruktiv aufgenommen wird, wenngleich die theologische Ausdeutung noch nachzuliefern bleibt. Immerhin wird man die Last einer jahrhundertealten Lehrtradition bedenken müssen, und auf diesem Horizont ist „Communio et Progressio" wirklich ein Schritt nach vorn. Zum Menschenrecht der Presse- und Meinungsfreiheit haben die Päpste des 19. Jahrhunderts noch einer nach dem anderen ihre Verdammungsurteile ausgesprochen. Die als übermächtig und „schlecht" empfundene Presse galt als „pestilenter Irrtum", als „Gefahr für Kirche und Staat", als „lügnerischer, die Menschen betörender Verführer", und die negative Lehrtradition zur bürgerlichen Pressefreiheit nahm erst mit Pius XII. (1939–1959) eine Wende.[10)] Er betrachtete die demokratischen Systeme zum ersten Mal mit Sympathie, denn die Völker „fordern ein Regierungssystem, das mehr in Einklang steht mit der Würde und Freiheit der Bürger".[11)] Pius XII. bejaht schließlich die naturrechtlich geforderte Meinungsfreiheit und auch die öffentliche Meinung als Äußerung des politischen Willens, und, indem er nicht länger das positive und hohe Gut der Presse- und Meinungsfreiheit mit seinen liberalistischen Zerr- und Entartungsformen ineinssetzt, schafft er jene heilsamen Differenzierungen und Unterscheidungen, die dann in „Communio et Progressio" voll zum Tragen gelangen.[12)]

II. Bilanz: Der garstige Graben zwischen Lehre und Leben

Dieses Bekenntnis der vatikanischen „Instructio“ zur Sache und Freiheit der Medien in ihrer Herstellung von Öffentlichkeit und öffentlicher Meinung im Lebensraum der Kirche ist allerdings bis heute weitgehend auf dem Papier geblieben. Die Lehre stimmt, aber das Leben will nur sehr schleppend folgen. So findet man in „Communio et Progressio“ viele traurige und zugleich empörende Belege, wie mit Worten Fassaden errichtet werden und der garstige Graben zwischen Wort und Tat sich seit dem Zweiten Vatikanischen Konzil eher noch vertieft hat.

Ein aktuelles Beispiel liefert eine andere „Instructio“, die jetzt von der römischen Glaubenskongregation über die „kirchliche Berufung des Theologen“ herausgebracht wurde. Öffentlichkeit und Medien sind nicht das Thema und werden nur indirekt zur Sprache gebracht, aber mit bis zum Verbot reichenden Negativbewertungen verknüpft, und dies in einer disziplinierenden Sprache, als sähe man sich in eine totalitäre Partei versetzt. Die Theologen werden dringend ermahnt, „nicht auf die Massenmedien zurückzugreifen“, wenn es zu einem Dissens kommt, „sondern vielmehr die verantwortliche Autorität anzusprechen, denn durch das Ausüben von Druck auf die öffentliche Meinung kann man nicht zur Klärung von lehrhaften Problemen beitragen und der Wahrheit dienen.“ Warum das schädlich sei, wird mit dem „Gewicht einer künstlich gesteuerten öffentlichen Meinung“ begründet: „Oft drohen die von den Massenmedien verbreiteten sozialen Modelle zu einem normgebenden Wert zu werden, und es verbreitet sich die Meinung, die Kirche dürfe sich nur zu Problemen äußern, die die öffentliche Meinung für wichtig hält, und dann in einer Weise, die dieser gefällt.“[13)]

Es ist gewiß richtig, daß kirchliche und theologische Stoffe im Milieu eines Sensations- und Gefälligkeitsjournalismus verkürzt und entstellt dargeboten werden, aber mit diesem Negativurteil kann man doch nicht die ganze Publizistik belasten. Und damit ist auch der Öffentlichkeitsbezug der Theologie nicht abgetan. Die Kirche hat kein Informationsmonopol. Theologische Auseinandersetzungen und kirchliche Kontroversen lassen sich nicht im stillen Kämmerlein, wo Bischof und Professor unter sich sind, verhandeln und entscheiden. Es ist völlig utopisch, die theologische Wissenschaft an den öffentlichen Hochschulen von der Öffentlichkeit abzukoppeln, und das wäre auch nicht wünschenswert. Die Freiheit der

Lehre ist ein offenes, öffentliches Grundrecht. So zeigt diese „Instructio“ mangelhaftes Unterscheidungsvermögen, wenn sie pauschal vom Druck der öffentlichen Meinung handelt und unberücksichtigt läßt, daß auch in profanen und säkularen Medien die Religion und die Theologie als Themen immer wieder eine oft hervorragende und professionelle Berücksichtigung finden, was dem Glauben und der Kirche nicht abträglich sein kann.

Die Schelte hat die Befürchtung zum Hintergrund, daß sich ein „paralleles Lehramt“ bilden könne. „Die im Volke Gottes umlaufenden Ideen stimmen nicht alle mit dem Glauben überein, zumal sie leicht von einer öffentlichen Meinung beeinflußt werden können, die durch die modernen Kommunikationsmedien gesteuert wird.“[14] Das Mißtrauen sitzt tief. Aber die Angst ist kein guter Ratgeber in einer Welt, in der die Kirche heute das, was sie sagen will, öffentlich und argumentativ vermitteln muß. Vieles läßt sich nur im Lichte des Glaubens sagen und entscheiden, aber daß damit das öffentliche Fragen und Forschen aufhören muß, beruht auf einer verhängnisvollen Fehleinschätzung. Die publizistische Dimension ist heute, wie gesagt, unabdingbar mit der Lebensgestalt von Glaube und Kirche verknüpft. Ebenso unverzichtbar ist in der Kirche, daß „den Gläubigen, Klerikern wie Laien, die rechte Freiheit des Forschens, des Denkens sowie der Meinungsäußerung – in Demut und Festigkeit – zuerkannt wird, in allen Belangen, für die sie zuständig sind“.[15] So formuliert es die Pastoralkonstitution zum Grundrecht der Meinungsfreiheit, die von der Glaubensfreiheit sehr wohl zu unterscheiden ist. Selbstverständlich muß innerhalb einer Glaubensgemeinschaft die individuelle Glaubensfreiheit ihre Grenzen anerkennen, aber davon bleibt die Gedanken- und Gewissensfreiheit unberührt. In einer Gesellschaft, für die eine öffentliche Auseinandersetzung konsensbildendes Prinzip ist, wird man den Dissens nicht durch autoritäres Auftreten beseitigen können. Zudem kann der Pluralismus theologischer Lehrmeinungen in der Herausbildung einer katholischen „Streitkultur“ auch wahrheitsdienlich und ein Zeichen religiöser und kirchlicher Vitalität sein.

„Communio et Progressio“ beurteilt die Lage der Kirche in der Welt sehr viel zuversichtlicher: „Die katholische Presse öffnet sich der ganzen Welt. Sie bringt Nachrichten, Kommentare und Meinungen über alle Aspekte des heutigen Lebens. Sie greift alle Schwierigkeiten und Probleme auf, mit denen der Mensch heute konfrontiert ist: all dies aber im Licht christlicher Lebensauffassung.“[16] Zwischen der einen und der anderen „Instructio“ scheinen Welten zu liegen, aber der Alltag der katholischen Medienpraxis ist vom Alltag der Glaubenskongregation auf der Linie der Disziplinierung, die abweichendes Denken nicht duldet, nicht so weit entfernt. Die Freiheitsgeschichte der Moderne ist in beiden Fällen nicht aufgearbeitet. Zu einer vollen und ungeteilten Anerkennung von Meinungs- und Pressefreiheit ist es in der Kirche bis heute praktisch nicht gekommen. Zwar sind die Spielräume größer geworden. Grenzen zeigen sich darin, daß die Kirche keine Demokratie ist und sie sich das liberale Prinzip nicht völlig zu eigen machen kann. Es gibt einen Punkt, wo sie sich von jeder säkularen Gesellschaft unterscheidet. Allerdings ist der demokratische und freiheitliche Gedanke heute für das moderne Bewußtsein eine geschichtsprägende Macht, die auch für den Christen und die Gestalt der Kirche eine Verpflichtung einschließt. Das Dilemma, daß die Kirche in dieser Welt ein Paradox ist, bleibt unaufhebbar. Aber diese aus dem Glauben fließende Erkenntnis darf nicht zum publizistischen Ruhekissen werden und der katholischen Furcht vor Öffentlichkeit und Freiheit als Alibi dienen, wo man sich ins Mittelalter zurücksehnt. „Es ist eine verzwickte Situation“, kommentiert Martin Lohmann, „die Kirche tut sich schwer mit den Medien, und Medien machen es der Kirche oft nicht leicht. Ist nun das eine der Grund für das andere, oder umgekehrt?“[17] Das eine kann sehr wohl der Grund für das andere sein, wie im Fall der jüngsten „Instructio“ über das Verhältnis von Lehramt und Theologie mit ihrer Öffentlichkeits- und Medienschelte. Öffentlichkeit als Bedrohung – diese Einstellung verstellt den Blick für die kommunikativen Chancen des Evangeliums, das in diesem Zeitalter seinen „Kairos“ hat wie in allen anderen.

III. Perspektiven: Jedes Volk hat die Presse, die es verdient

In der Kirchengeschichte ist schwerlich eine Zeit auszumachen, in der es den christlichen Kirchen so „gut“ gegangen ist wie heute. Gut – das erstreckt sich hier auf die Möglichkeit und Freiheit, das Wort Gottes in die Zeit hineinzusprechen und es unter den Menschen zu verbreiten. Gut – das lenkt für unsere Fragestellung, die eine publizistische ist, den Blick auf die Öffentlichkeit von Kirche und Glaube in einer radikal weltlich gewordenen Welt des Pluralismus und der Demokratie. Die Kirchen verfügen über eine reiche Skala von Möglichkeiten, ihre Ziele in der Öffentlichkeit, sowohl der eigenen Anhängerschaft wie darüber hinausgehend, geltend zu machen.

Warum breitet sich dennoch das Gefühl einer großen Wirkungslosigkeit und „Sprachlosigkeit“ aus? Das Leiden an der kirchlichen Publizistik findet einen treffenden Ausdruck in einer Polemik, die das Fachorgan „Journalist“ unter der Überschrift „Kirchenpresse: Hält die Fassade?“ gebracht hat: „Im Namen und Inkassobereich der beiden bundesdeutschen Großkirchen erscheinen periodische Druckerzeugnisse, deren Gesamtauflage locker die Zehn-Millionen-Grenze übersteigt. Gleichzeitig tendiert die öffentliche Resonanz auf die numerisch imposante Teilhabe an der veröffentlichten Meinung gegen Null. Das Mißverhältnis zwischen Aufwand und Wirkung ist derart erklatant, daß es Privatverleger veranlassen könnte, sich in die laufende Rotationsmaschine zu stürzen.“[18])

Der Artikel wird noch schärfer, wenn vom Leiden kirchlicher Redakteure „am Widerspruch einer Publizistik ohne Publikum“ die Rede ist. Kirchliche Publizistik scheitert nicht an mangelnder Kompetenz ihrer Macher, sondern wird als „kaum lösbare Aufgabe“ in der Quadratur jenes Kreises gekennzeichnet, der in einer auf „Verschließen statt auf Veröffentlichen, auf Wegadministrieren statt auf Austragen“ angelegten Mentalität von Oberkirchenräten und Prälaten begründet sei: „Massenweise Veröffentlichung ohne Anteilnahme der Öffentlichkeit als publizistisches Meisterstück. Oder, um es mit einem Theologumenon des Paulus zu sagen: Erscheinen, als erschiene man nicht.“

Die Beurteilung mag überzogen sein und Widerspruch verdienen, aber in der Zuspitzung steckt ein wahrer Kern. Aus vorherrschenden Mentalitäten kommt es zu einer wirkungslosen Publizistik, die in Wahrheit keine ist, weil ihr wesentliche Eigenschaften fehlen, die sie überhaupt erst als eine solche konstituieren würden könnten.

In einem Kreis von Leitern Katholischer Akademien wird die Lage der Häuser erörtert und nicht für gut befunden. Man vergleicht sie mit der Lage der kirchlichen Publizistik, von der ich berichten mußte, sie könne auch nicht für gut befunden werden. Einer der Gesprächspartner erwiderte daraufhin nicht ohne sarkastischen Unterton, für eine Publizistik von der freien und freiheitlichen Art, wie sie im demokratischen Verfassungsrahmen seit dem Aufklärungszeitalter praktiziert werde, sei in der Kirche kein Platz. Eine hierarchisch, ja monarchisch gegliederte Kirche werde sich mit der Herstellung von Öffentlichkeit in eigener Sache niemals abfinden können.

Das Mißtrauen sei eingebaut, die kirchliche Publizistik eine kaum lösbare Aufgabe. Da müßten sich zuerst die Geisteshaltungen ändern, jene Mentalitäten, die mit Menschentypen und Lebensstilen, aber überhaupt nichts mit dem Evangelium oder den Glaubenswahrheiten zu tun haben. Im Sog dieser Mentalitäten wird Unterwürfigkeit gern mit Glaubensgehorsam verwechselt. Viele Laien haben sich inzwischen klerikalisiert. Die Machtfragen rücken in den Vordergrund, jede Kritik gilt als Majestätsbeleidigung, und in allen Dingen glaubt man, die Wahrheit gepachtet zu haben.

Das sind bedrückende Hinweise auf Symptome einer inneren Schwäche und auf eine Geistesverfassung im Volk Gottes, die man nicht nur an der Mentalität von Prälaten festmachen kann. So werden die guten Geister eines spezifisch christlichen Freiheits- und Glaubenssinns aus der Kirche getrieben. In der dünnen Luft von Angst, Gefügigkeit und innerkirchlichem Opportunismus können sich Bürotheologen und Funktionäre entfalten, aber keine publizistischen Talente bilden und bewähren. Wenn sie Rückgrat und Mut haben, werden sie bald zum Stein des Anstoßes und suchen sich rasch einen anderen Job in säkularen Medien, wo es oft härter, aber ehrlicher zugeht und Leistung nicht verdächtig macht.[19] Von den „Leiden" des Publizisten am kirchlichen Milieu ist verständlicherweise in „Communio et Progressio" keine Rede, und die kirchliche Mittelmäßigkeit ist nicht das Thema. Hat das Volk Gottes die Presse, die es verdient? Ein solcher Erklärungsstrang ist nur einer unter anderen, aber sicherlich nicht der unwichtigste im Blick auf die verlorene Ehre der katholischen Publizistik, in der kein inneres Feuer brennt und die sich ruhig einer Art von Strukturen einfügt. Damit rechnet man ja; die Kirche im reichsten Kirchensteuerland der Welt ist zu sehr mit sich selbst beschäftigt, um sich mitzuteilen in der Kommunikation, da es an nichts fehlt – oder zu fehlen scheint. Die Berufskrankheit der Kleriker ist die Selbstgerechtigkeit, die Berufskrankheit der Journalisten der Zynismus. Im Grau der Anpassung und Gefügigkeit gedeihen beide vorzüglich und entgleitet das Ethos, das dann vornehmlich „den anderen" anempfohlen wird. Deshalb tut sich eine Ethik des Journalismus gerade im Hinblick auf die Kirche so schwer.

Niemand hat ein Rezept zur Hand, wie der Mut und die ethische Kraft, die in „Communio et Progressio" mindestens ansatzweise zu spüren sind, in der kirchlichen Praxis geltend gemacht werden könnten. Seit dem Erscheinen des Dokuments im Jahre 1971 hat sich die Entwicklung, daß wir allem Anschein nach in Deutschland in einer „winterlichen" und glaubensschwachen Kirche leben, fortgesetzt und zugespitzt.

Demgegenüber strahlt „Communio et Progessio“ noch einen starken und mutigen Glaubenssinn aus, der aus dem Geist des Konzils stammt. Mit seinen Aussagen und theologischen Erkenntnissen ist es die beseelende Kraft: „Jede Kommunikation muß unter dem obersten Gesetz der Aufrichtigkeit, Zuverlässigkeit und Wahrheit stehen ... Das Recht auf ausreichende Information hängt eng zusammen mit der Freiheit der Kommunikation überhaupt. Der Kirche liegt sehr daran, daß die gemeinschaftlichen Bindungen unter ihren Gläubigen wachsen und vertieft werden. Darum bedarf sie wesentlich der Mitteilung und des Gesprächs. Zudem lebt sie mitten in der menschlichen Gesellschaft, mit der sie im Dialog und durch vielfache Beziehungen verbunden sein muß. Das kann nur Wirklichkeit werden im Austausch von Informationen und Gedanken, durch aufmerksame Beobachtung der öffentlichen Meinung innerhalb und außerhalb der Kirche sowie durch Teilnahme am Gespräch mit und in der heutigen Welt, um so gemeinsam an der Lösung jener Probleme zu arbeiten, welche die Menschen bewegen.“[20)]

Probleme, welche die Menschen bewegen, finden seit dem Zweiten Vatikanum wieder ein Heimatrecht in der Kirche. Der Graben zwischen Lehre und Leben brauchte nicht so tief zu sein, wenn die Wende im religiösen Bewußtsein des Volkes Gottes, die das Konzil so leidenschaftlich zum Ausdruck gebracht hat, in der Kirche nicht so zögerlich und schleppend nachvollzogen würde. Hundert Jahre nach Nietzsche ist es kaum mehr möglich, von Gott zum Menschen zu reden, wenn es menschlich nicht stimmt. Offensichtlich bringen heute weltliche Strukturen die besseren Medien hervor. Woran liegt es eigentlich, daß Medien, Medienleute und Medienkonzerne sowohl im Printmedienbereicht wie in der Elektronik alle heute der Kirche etwas vormachen? Sie können es, sie haben Kompetenz und unternehmerischen Erfolg, sie haben oft sogar das Ethos, über das man katholischerseits so gern und laut reflektiert.

Wenn wir sagen, daß Öffentlichkeit zum Wesen der Kirche gehört, dann ist für sie und die Verhältnisbestimmung von Medium und Botschaft das Glaubwürdigkeitskriterium der ausschlaggebende Faktor. Das heißt, sofern die Ansprüche der Kirche auf Teilhabe an der Öffentlichkeit nicht durch Angebote glaubhafter Existenz einigermaßen gedeckt sind, geht die Botschaft ins Leere. Der Widerwille gegen jede nur äußerlich gestützte Ordnung, gegen jede nur amtlich ausgewiesene Form von Religion, die nicht von der eigenen Person gelebt, sondern nur gepredigt wird, ist heute groß. Autorität und Gehorsamsforderungen wollen von innen her beglaubigt und bezeugt sein. Eberhard Stammler schreibt hierzu: „Wenn also die Kirche mit ihrer Publizität im anbrechenden Medienzeitalter bestehen will, genügt es nicht, wenn sie da und dort einen 'Duft von Kirche' absetzt, sondern sie braucht Menschen, in denen der Glaube Gestalt gewonnen hat, Fachleute, die solches Geschehen zu gestalten vermögen, Zeugen, die unaufdringlich und lebensnah zu Botschaftern des Lebens werden – dies in einer Zeit, in der Millionen wieder nach religiöser Vergewisserung, nach Orientierung und Geborgenheit fragen."[21]

Andreas Maria Deskur verfaßte im Jahre 1971 als Sekretär der Päpstlichen Kommission zum Erscheinen von „Communio et Progressio" ein Vorwort zur deutschen Übersetzung, in dem er die etwas ängstliche Hoffnung zum Ausdruck bringt, das Dokument solle kein Staubfänger in Bibliotheken sein.[22] Das ist es nicht geworden; vielerorts möchte man es gern in den Schubladen verschwinden lassen, aber der Stachel im Fleisch ist geblieben. Erfreulich wäre es, wenn eine schon mehrfach angezeigte Ergänzung der Pastoralinstruktion im Hinblick auf das elektronische Medienzeitalter bald erscheinen würde.

Journalisten dürfen (in der Kirche) Journalisten sein, Publizistik darf (in der Kirche) Publizistik sein – auf diese Kurzformel gebracht, ist „Communio et Progressio" als Freiheitsvotum ein geistiges Vermächtnis des Zweiten Vatikanischen Konzils. Die Anerkennung des Freiheitsdenkens in der Kirche aus dem Geist der Freiheit der Kinder Gottes ist der entscheidende Schritt nach vorn, und mit ihm wird die Kirche auch ihre Sprachnot und Sprachlosigkeit in der religiösen Kommunikation überwinden. Ihre Medienpräsenz ist aus der Glaubenssicht gewiß nicht das Wichtigste.

Glaube und Glaubwürdigkeit fließen zuerst und vor allem aus dem gelebten Zeugnis der „Communio", und sie ist nicht möglich ohne die „Communicatio", ohne eine kommunikative Kompetenz und Glaubenskraft, die sich als freiheitsfähig erweisen. Die Zunahme des Unglaubens im Namen Christi in der Kirche ist heute der tiefste Grund für die Ohnmacht der Sprache, der Medien und der christlichen Botschaft in der Öffentlichkeit. Der Unglaube steckt im Mangel an Mut und erzeugt Glaubenszuversicht, in der Nivellierung des Religiösen und opportunistische und bürokratische Mittelmäßigkeit, wo keine Leidenschaft mehr spürbar ist und das Machtdenken die Phantasie erdrückt. Der Umgang mit Medien verlangt ein hohes Maß an Phantasie und unternehmerischer Initiative.

Zu den Perspektiven, die „Communio et Progressio" bezeichnet, gehört auch die Einsicht, daß die Kirchen eine Mitverantwortung tragen für die Qualität der Medienkultur in der ganzen Gesellschaft. Das publizistische Klima in unserem

Land ist keineswegs so gut, wie es sein könnte und wie es dem demokratischen Gedanken in seiner Gemeinwohlorientierung förderlich ist. Oft geht für die Menschen etwas Abschreckendes und Bedrohliches von der Medienszene aus. Die Symptome einer zunehmenden Verwilderung der journalistischen Sitten mehren sich, was sicherlich auch ein Grund dafür ist, daß Kirche und Medien so zögernd aufeinander zugehen. Kann man der Medienwelt überhaupt noch Vertrauen entgegenbringen? Der Branchenzynismus ist unverkennbar und überzieht die politische Kultur mit ihrer Enthüllungs- und Sensationsgier. Jene, die stets über allem stehen, mit Häme alles heruntermachen und die Pressefreiheit zum eigenen Vorteil für grenzenlos halten[23)], dürfen nicht den Ton angeben. Freie und verantwortliche Medien sind konstituierend für die demokratische Gesellschaft. An ihrem Erhalt und ihrer Qualität muß auch den Kirchen gelegen sein, und das wird ihnen von „Communio et Progressio" abverlangt, daß sie in ihrem Weltdienst Modellhaftes aus der Kreativität des eigenen Geistes und der eigenen Wertauffassungen in die Öffentlichkeit einbringen, zum Nutzen aller und der eigenen Sache.

Bischof Karl Lehmann bemerkte kürzlich, es fehle an einem „konsensfähigen journalistischen Ethos in der Öffentlichkeit".[24)]

Welchen Beitrag leistet die Kirche, leisten die Christen zu diesem Ethos? Die Medien mit ihrer Publizistik im Lebensraum der Kirche gehören zu den „Zeichen der Zeit"[25)], durch die Gott zu uns spricht. Daß sie „die Menschen brüderlich verbinden"[26)], liegt in den besten Perspektiven von „Communio et Progressio". Es ist ein hoffnungsstarkes Dokument, und mehr denn je bedarf die katholische und kirchliche Publizistik seiner Inspiration und Spiritualität: „Das Volk Gottes wird sich mehr und mehr bewußt, welche Verpflichtung ihm nun auf einmal zufällt ... Das Volk Gottes geht seinen Weg durch die Geschichte. Mitteilend und empfangend blickt es mit Vertrauen und zum Engagement bereit auf die künftige Entwicklung der sozialen Kommunikation ..."[27)]

Anmerkungen:

1) Pastoralinstuktion „Communio et Progressio", Nr. 1, Nr. 6; in: Franz-Josef Eilers u.a. (Hrsg.), Kirche und Publizistik, Dreizehn Kommentare zur Pastoralinstruktion "Communio et Progressio" mit dem Deutschen Originaltext, München 1972, 133, 135

2) George Gerbner, Larry Gross, Living with Television. The Violence Profile, in: Journal of Communication, 2/1976, 173 f. Gerb-

ner betrachtet Fernsehen als wichtigstes Medium der Enkulturation. Er schreibt ihm eine andere Einflußqualität zu als den anderen Medien und hat das Vielsehen, also seine exzessive Nutzung, für seine Beweisführung eingesetzt. Fernsehen agiert als soziale Kontrolle, vermittelt die „facts of life", ist omnipräsent, eine „elektronische Umwelt", nach der die Zuschauer ihr soziales Wissen, ihre Überzeugungen, ihre Werthaltungen einrichten. Die Häufung der Gewaltdarstellungen „kultiviert" Angst und Mißtrauen. Durch seine einschüchternde Wirkung begünstigt das Fernsehen das politische Bedürfnis nach Gesetz und Ordnung. Hierzu auch: Winfried Schulz, Das Vielseher-Syndrom. Determinanten der Fernsehnutzung, in: Media Perspektiven 12/1986, 762 f.

3) George Gerbner, Kathleen Conolly, Television as New Religion, in: Michael Emery, Ted Curtiss Smythe, Readings in Mass Communication, 4th. Edition, Dubuque, Iowa 1980, 28.

4) Günter Kunert, Regerat auf den Mainzer Tagen der Fernseh-Kritik, 23. bis 25. Oktober 1989. Auf diesem XXII. Treffen gruppierten sich die Referate um das Thema „Toleranz, Tabu, Totalität – Die gereizte Gesellschaft".

5) Michael Schmolke, Zehn ideengeschichtliche Betrachtungen, in: Franz-Josef Eilers u.a. (Hrsg.), Kirche und Publizistik, a.a.O., 20

6) „Communio et Progressio", Nr. 11, 137

7) Ibid., Nr. 2, 133

8) Ibid., Nr. 64, 158

9) Ibid. Nr. 21, 142

10) Vgl. hierzu die verdienstvolle Untersuchung von Giselbert Deussen, Ethik der Massenkommunikation bei Papst Paul VI., Paderborn 1973, in dem Kapitel „Die Päpste von Gregor XVI. bis Paul VI. zur Freiheit der Publizistik", 21-76.

11) Vgl. Utz/Groner, Aufbau und Entfaltung des gesellschaftlichen Lebens. Soziale Summe Pius XII., Freiburg 1954, Nr. 3469.

12) Die ablehnende Haltung der Päpste des 19. Jahrhunderts zu den Menschen- und Grundrechten ist vielfach zu belegen, doch sie bedarf auch der historischen Interpretation. Hans Wagner hat in seinem Kommentar zu „Communio et Progressio" in der Übersetzung, die 1971 im Paulinus-Verlag Trier erschienen ist, zur „Ehrenrettung" der Päpste darauf hingewiesen, sie hätten mit ihren negativen Stellungnahmen vor allem das liberalistische Freiheits- und Öffentlichkeitsprinzip treffen wollen. Wagner konstruierte zu diesem Zweck eine gemeinwohlorientierte Lehrtradition zur Pressefreiheit und „universalen Öffentlichkeit". Dieser Kommentierung von „Communio et Progessio" glaubte Michael Schmolke heftig widersprechen zu müssen: „Geradezu grotesk mutet der S. 90 ff. (von Wagner) unternommene Versuch an, die kirchliche Lehrtradition zu den bürgerlichen Freiheiten und zum modernen Öffentlichkeitsbegriff umzuwerten. Wagners Resümee, der Kampf der Kirche gegen die Pressefreiheit ... sei als ihre ‚großartigste Leistung in der neueren Kommunikationsgeschichte' zu würdigen (S 94), ist schlech-

terdings nicht nachvollziehbar ...". Michael Schmolke, a. a. O., 24. Dieser Gelehrtenstreit, damals heftig ausgetragen, enthält auch heute noch viel Zündstoff, die Auseinandersetzungen der Katholiken mit der bürgerlichen Freiheitsgeschichte historisch aufzuarbeiten und diese Diskussion stärker in den Raum der Kirche zu holen.

13) Sekretariat der Deutschen Bischofskonferenz (Hrsg.), Kongregation für die Glaubenslehre. Instruktion über die kirchliche Berufung des Theologen, 24. Mai 1990, 17 ff.

14) Ibid., 20

15) Zweites Vatikanisches Konzil Pastoralkonstitution Nr. 62, Abs. 6

16) „Communio et Progressio", Nr. 138, 184. „Die katholische Presse öffnet sich der ganzen Welt ..." Bringt man unter diesem Anspruch den Alltag mancher Bistums- und Diözesanzeitung auf den Prüfstand, ist das Resultat wenig ermutigend. An Gängelung und Hofberichterstattung fehlt es nicht, auch nicht an endlosen Debatten, wie die überalterte Leserschaft verjüngt und der Glaubwürdigkeitsverlust des Produkts wettgemacht werden könnte. Seit 25 Jahren ist ein langsames Dahinsiechen der Bistumspresse unverkennbar. Der Auflagenschwund verläuft nahezu parallel mit dem Rückgang der Kirchenbesucherzahlen in einzelnen Bistümern und ist vor allem auf das schlechte „Image" zurückzuführen – zu amtlich, Hauspostille des Bistums, nicht kritisch genug, Blatt für alte Leute etc. Oft stimmen die Vorurteile nicht mehr, manches „Kirchenblatt" ist offener, auch moderner im Layout geworden, aber die Negativbewertungen halten sich hartnäckig und verbinden sich mit dem schlechten Gesamtbefund von Kirche und Kirchlichkeit, was den Überlebenskampf der katholischen Presse zusätzlich belastet. Dabei braucht die Kirche nichts dringender als eine lebendige Binnenkommunikation, der jedoch die Marktorientierung zwischen Angebot und Nachfrage nicht abhanden kommen darf. Wo diese „Ehrlichkeit" des Produkts verlorengeht, investiert man (Kirchensteuermittel) in ein Faß ohne Boden. Vgl. Ferdinand Oertel, Die Krise der Bistumspresse 1989. Bestandsaufnahme und Zukunftsüberlegungen, in: Communicatio Socialis, 1-2/1989, 31 f.

17) Martin Lohmann, Kommentar „Kirche und Medien. Wenig erbaulich", in: Rheinischer Merkus, 3. August 1990, 23

18) Fachorgan Deutscher Journalistenverband „Journalist", 7/1987

19) Bezeichnend für das Klima ist, daß es in der Bistumspresse kaum noch unabhängige und auf eigenes Risiko arbeitende Verlegerpersönlichkeiten gibt. Deren Elimination und Reduktion auf Gremien- und Funktionärswirtschaft hat die Ausbreitung eines binnenkirchlichen Klimas der kollektiven Verantwortungslosigkeit zur Folge, unter Preisgabe von Ideen und Idealen, weil keiner sich gegen die Macht der Verhältnisse durchzusetzen vermag. Resignation ist oft die Folge. Den opportunistischen Kniefall der Mentalitäten habe ich in der Vereinigung „Gesellschaft Katholischer Publizisten e.V.", deren Vorsitzender ich neun Jahre gewesen bin, aus der Nähe beobachten können. Für die eige-

nen Ideale einzutreten, das lohnt nicht und bringt nur Verdruß. Am Ende wird die eigene Doppelbödigkeit und Falschheit nicht mehr bemerkt, und abweichendes Verhalten wird ausgegrenzt. Wenn die geistige und ethische Prinzipienlehre von „Communio et Progressio" nur halb so schnell realisiert und in die Tat umgesetzt worden wäre, wie es aufgrund der dortigen Empfehlungen (Nr. 169, 193) überall in den Ortskirchen im Handumdrehen zur Errichtung von Haupt-, Schalt- und Zentralstellen „für alle Kommunikationsmittel" mit viel Personal unter klerikaler (und oft nicht fachkompetenter) „Oberleitung" gekommen ist, stünde es besser um die kirchliche Publizistik. Mit ihrem typischen Hang zur Bürokratisierung, gepaart mit Ignoranz und ausgeprägtem Machtdenken, produzieren solche Zentralstellen in erster Linie „Zentralismus" und jenen Sand im Getriebe, mit dem die Quellen des innovatorischen Denkens verstopft werden.

20) „Communio et Progressio", Nr. 17, 140, Nr. 44, 150, Nr. 114, 175

21) Eberhard Stammler, Was hat die Kirche zu sagen. Das Medium und die Botschaft, in: Evangelische Kommentare, 5/1989, 25

22) Andreas Maria Deskur, Vorwort zu: Kirche und Publizistik, a.a.O., 7

23) Die Evangelische Akademie Bad Boll veranstaltete vom 22. bis 23. September 1989 eine Tagung „Abgeklärt und Angepaßt: Zynismus im journalistischen Alltag" mit Referaten zum „Branchenzynismus", die in dem Protokoll 25/89 der Akademie nachzulesen sind. Der Medienwissenschaftler Jürgen Prott, Hamburg, zog in seinem Referat folgendes Fazit: „Die Grenzlinien zwischen dem konformistischen Aufsteiger und dem eher resignierenden Zyniker sind oft nicht sehr scharf zu ziehen. Aber ich denke, daß diese beiden Typen wohl innerhalb des Journalismus die zahlenmäßig größte Gruppe sind. Während diejenigen, die beharrlich und mit langem Atem versuchen, die für richtig erkannten Ideale eines gründlich recherchierten und um Aufklärung bemühten Journalismus zu betreiben, eher in der Minderheit sind und auch immer stärker in die Minderzeit gedrückt werden.

24) Bischof Karl Lehmann in seinem Grußwort an den 15. UCIP-Weltkongreß der Katholischen Presse, vgl. KNA-Inlandsdienst 243 vom 18. Oktober 1989, Seite 3. Vgl. Hermann Boventer, Pressefreiheit ist nicht grenzenlos – Einführung in die Medienethik, Bonn 1989, als Versuch, „Bausteine" für ein journalistisches Ethos, das in einer pluralistischen Gesellschaft konsensfähig ist, zusammenzutragen.

25) „Communio et Progressio", Nr. 122, 179

26) „Communio et Progressio", Nr. 2, 133

27) „Communio et Progressio", Nr. 182, 197, Nr. 187, 199.

Damit das Evangelium auch im 3. Jahrtausend heutig sei

von Walbert Bühlmann

Der gute Papst Johannes XXIII. erklärte seine Absichten mit dem Konzil nicht mit gescheiten Theorien, sondern mit leicht verständlichen Vergleichen: „Die Fenster öffnen und frischen Wind hereinlassen“, „Die Lehre der Kirche ist nicht wie ein Schatz im Museum zu bewahren, sondern so zu erforschen und auszulegen, wie es unsere Zeit verlangt“. Er faßte alles zusammen mit dem Wort „aggiornamento: Erneuerung, Heutig-Werdung der Kirche!“ Damit hat er das Prinzip des geschichtlichen Denkens und folglich der steten Veränderung, das in der Kirche sonst verpönt war, weil man sich da nur auf die „ewigen Wahrheiten“ und die „göttliche Einsetzung“ der kirchlichen Strukturen berief, auch in der Kirche zur Anerkennung gebracht. Er hat damit, von der „göttlichen Inspiration“ geleitet, wie er mehrmals betonte, viel mehr ausgelöst, als er nur ahnen konnte.

I. Das Jahrtausend-Konzil

Als damals Angelo Roncalli, Patriarch von Venedig, zum Papst gewählt war, und man seine ersten Fotos erblickte, zeigten sich viele Leute enttäuscht: Was ist von diesem alten, kleinen, dicken Mann zu erwarten? In offiziellen Kreisen nannte man ihn, fast entschuldigend, bloß einen Übergangspapst. Das Wort sollte einen viel tieferen Sinn bekommen. Mit dem von ihm einberufenen Konzil sollte er tatsächlich den Übergang der Kirche vom 2. ins 3. Jahrtausend bewerkstelligen. Er hat die allzulange Epoche der „konstantinischen Wende“, die Zeit der Volkskirche mit ihrer überbetonten Hierarchie und ihrer monologischen Besserwisserei, abgeschlossen und die neue Epoche der „johanneischen Wende“ eröffnet, die Zeit der Entscheidungskirche, der Gewissenskirche, des

Volkes Gottes, des Dialoges mit der Welt. Das wird die Kirche des 3. Jahrtausends sein.

Um diesem Konzil treu zu bleiben, muß man darüber hinausgehen, muß man „aggiornamento“ als Dauerprozeß weiterführen. Es genügt nicht, die Konzilsdokumente einfach so zu nehmen, wie sie 1965 der Kirche übergeben wurden. Dieses Konzil dauerte ja nur drei Jahre. Aber in dieser Frist haben die Bischöfe einen beachtlichen Lernprozeß durchgemacht. Am Schluß waren sie bereit Dinge anzunehmen, die sie zu Beginn noch abgelehnt hätten. Denken wir nun einmal, das Konzil hätte, wie das Konzil von Trient, 18 Jahre lang gedauert, dann hätte es viele neu sich ergebende Glaubensfragen und neu sich entwickelnde pastorale Situationen ins Auge fassen und darüber befinden müssen. Was das Konzil nicht mehr tun konnte, das müssen nun wir, seine Nachfahren, laufend tun. Wir müssen den Weg des Konzils, immer in derselben Richtung, weitergehen, die Impulse des Konzils, immer mit demselben Mut, weiterwirken lassen. Das Konzil ist somit nicht eigentlich „das Heute der Kirche“, wie Kardinal Joseph Ratzinger formulierte, sondern „das Gestern der Kirche“, dem freilich für das Heute eine grundlegende Bedeutung zukommt.

Gegen diese Weiterentwicklung, sogar gegen die Kernaussagen des Konzils laufen von seiten der römischen Kurie gezielte Aktionen. Aus lauter Angst – die immer eine schlechte Beraterin ist – vor dem „Zerfall des Gehorsams, des Glaubens, der Sitten“, was den Öffnungen des Konzils angelastet wird, glaubt man, in heiligster Verantwortung die Türen wieder schließen und die „gute, alte Ordnung“ wiederherstellen zu müssen. Jetzt wo das härteste System, die UdSSR und die anderen Oststaaten, sich radikalen Reformen öffnet, kehrt Rom nach der Öffnung wieder zum alten System zurück!

Obwohl das Vatikanum II die Lehre des Vatikanum I von der Unfehlbarkeit des Papstes und seiner Oberhoheit über alle Kirchen ergänzt hatte mit der Lehre von der Bischofsgewalt, den Ortskirchen und dem kollegialen Führungsstil, wird gegenwärtig wieder ein Zentralismus praktiziert wie noch nie in der Kirchengeschichte. Er äußert sich in der Art der Bischofsernennungen ohne den gebührenden Dialog mit den Ortskirchen. Der Papst kann zwar auf diese Weise Bischöfe ernennen aufgrund des Vatikanum I. Aber er sollte es nicht tun aufgrund des Vatikanum II. Der Zentralismus zeigt sich ferner in der von Rom beanspruchten Approbation und Kontrolle aller Professoren der Theologie auf der ganzen Welt, als ob die Bischöfe kein Urteil und kein Gewissen hätten.

Obwohl Papst Johannes XXIII. dem Konzil ausdrücklich die Weisung mitgegeben hatte, den Akzent von der Kirche als „gestrenge Lehrerin“ zu verlagern auf die Kirche als „liebevolle, gütige, geduldige Mutter“, kehrt man wieder zurück zur Orthodoxie um jeden Preis, zu den Paragraphen des Kirchenrechtes um jeden Preis, wogegen auch alle Bischöfe der Welt nicht aufkommen können. A. Loisy prägte zu Beginn des Jahrhunderts das Wort, Jesus habe das Reich Gottes verkündet, aber gekommen sei die Kirche. Man könnte es heute auch so sagen: Jesus hinterließ uns das Evangelium, aber woran die Kirche sich orientiert, das ist der Codex des Kirchenrechtes.

Obwohl das Konzil die konservative „römische Theologie“, welche die Arbeitspapiere für die Bischofsversammlung vorbereitet hatte, total desavouiert hat, indem es diese Vorlagen als untauglich zurückwies und neu anfing, erhebt nun diese „römische Theologie“ wieder ihr Haupt und möchte von Rom aus die europäische, asiatische, afrikanische und lateinamerikanische Theologie dominieren und uniformieren.

Wer mit solchem Zentralismus, Legalismus, Konservatismus dem Konzil zuwider handelt, das Rad der Geschichte zurückdrehen, die „johanneische Wende“ blockieren möchte, der begeht eine epochale Sünde, und die Geschichtsschreibung wird einmal darüber urteilen, wie sie heute über die antimodernistischen Bestrebungen Roms zu Beginn dieses Jahrhunderts urteilt. Im Unterschied zu damals beugen sich freilich heute Theologen, Ordensleute, Laien nicht mehr einfach dem römischen Diktat, sondern gehen unbeirrt ihren Weg der Gewissensfreiheit voran, was natürlich zu Spannungen führt. Aber Spannungen waren und sind immer Zeichen einer Wachstumsphase. In der Pubertät steht der junge Mensch in Spannungen mit sich selbst und mit den Eltern. Je mehr unkluge Eltern ihr Kind als Kind erhalten möchten, desto mehr „muß“ der Junge, das Mädchen, rebellieren, um „sich selbst“ zu werden. So muß das Volk Gottes heute in vielen Belangen nach oben rebellieren, damit die mündigen Christen, wie sie das Konzil beschreibt, in Tat und Wahrheit in der Kirche Gestalt annehmen. Je mehr die Kirchenspitze autoritär über die Kirche verfügt, desto mehr treibt sie die Christen als einzigen Ausweg in die Gewissensfreiheit und forciert so, gegen ihren Willen, aber durch eine List des Heiligen Geistes, das Werden der Kirche des 3. Jahrtausends.

II. Das Konzil der Weltkirche

Wir sind uns wohl zu wenig bewußt, daß das II. Vatikanische Konzil das erste Konzil der Weltkirche war. Denn die ersten acht Konzilien fanden alle im Osten statt, mit ganz wenigen Gastbischöfen aus dem Westen; die andern zwölf alle im Westen. Beim letzten Konzil nun waren erstmals Bischöfe aus allen Teilen der Welt beisammen. Freilich zeigte sich zugleich, daß ein Vatikanum III fast nicht mehr machbar sein wird. Schon die 2.757 Bischöfe vor 25 Jahren stellten gruppendynamisch bereits eine unmögliche Sache dar. Inzwischen sind sie auf über 4.500 angestiegen. Zudem kann man da – wie auch bei den Bischofssynoden in Rom alle drei Jahre – nur universal reden und den konkreten Situationen der verschiedenen Ortskirchen gar nicht gerecht werden. Es müßte also in Zukunft wieder Kontinentalkonzilien geben, damit z. B. Afrika seine aufgestauten Fragen in Sachen Inkulturation auf afrikanische und doch echt christliche Weise lösen könnte; ähnlich Asien seine Fragen der Christologie, Lateinamerika seine Fragen der Befreiungstheologie. Der Papst hat den Wunsch Afrikas nach einem solchen Konzil aufgegriffen – aber zugleich entschärft, indem er „nur" eine Synode gestattete. Der Unterschied ist schwerwiegend: In einem Konzil kann man beschließen und etwas in Gang bringen, eine Synode hat – so hat es Rom in den Satzungen raffinierterweise verfügt – nur beratenden Charakter. Man kann über die Anliegen reden, auch Wünsche anmelden. Aber nachher wird von der einzigen Entscheidungsmacht, der römischen Kurie, wieder alles auf den Rahmen des bestehenden Kirchenrechts eingeengt.

Das Konzil der Weltkirche fiel zeitlich zusammen mit der soziologischen Gestaltwerdung der Weltkirche. Die Kirche, die bisher ausgesprochen eine Westkirche war, ist in unseren Jahrzehnten zur Weltkirche geworden. Um 1900 lebten noch 77% der Katholiken, 85% der Christen in Europa und Nordamerika. Im Jahr 2000 werden 70% der Katholiken und 60% der Christen in den drei südlichen Kontinenten, Lateinamerika, Afrika, Asien zuhause sein. Damit ist die Christenheit, die heute in vielen Kirchen existiert, tatsächlich „über die ganze Erde" ausgedehnt. Sie wird aber ihre volle Katholizität nicht nur statistisch immer noch mehr erreichen, sondern vor allem in den verschiedenen Bereichen, zu denen das Konzil den Zugang geöffnet hat.

1) Das betrifft zunächst die kulturelle Katholizität. Während sich im 1. Jahrtausend die Kirche laufend in die neuen kultu-

rellen Gegebenheiten „inkulturierte, inkarnierte“ und sich daran bereicherte, z. B. vom Judentum weitgehend den Kult übernahm, vom Griechentum die Leidenschaft für die Wahrheit, vom Römertum den Sinn für Recht, vom Germanentum die Volksfrömmigkeit, trat dann eine Erstarrung ein. Man meinte nun, die aus der westlichen Geschichte hervorgegangene Form der Kirche sei die einzig gültige. Es ging so weit, daß man sogar die lateinische Messe in allen Kontinenten einführte und vorschrieb. Im II. Vatikanischen Konzil ist die alte Kirche wieder jung und beweglich geworden. Sie gab in der Liturgie-Konstitution „Sacrosanctum Concilium“ die Weisung aus, das Konzil wünsche nicht mehr „starre Einheitlichkeit“, sondern „berechtigte Vielfalt“. Im Lauf des Konzils wurde das von der Ebene der Liturgie auch auf die Bereiche der Theologie und Disziplin ausgedehnt.

Was selbstverständlich war, ist endlich als selbstverständlich anerkannt und seither in vielen anderen Dokumenten bestätigt worden. Freilich, sobald irgendwo Bischöfe konkrete Schritte tun möchten, um Ortskirche zu werden, heißt es von Rom aus sofort: „Halt, im Namen der Einheit geht das nicht!“ Man verwechselt dort immer noch und wiederum Einheit mit Einförmigkeit. Es wird noch viel engagierten Dialog der Bischöfe mit Rom brauchen, um die berechtigten Anliegen durchzusetzen, wenn nötig auch durch Konflikte hindurch. So könnte dann innerkatholisch ein Modell der „Einheit in der Vielfalt“ aufgestellt werden, wie es das Konzil gewünscht hat und wie es den Zeichen der Zeit und dem Willen Gottes entspricht.

2) Ein weiterer Schritt wird die kirchliche Katholizität sein, wie es im Ökumenismus-Dekret „Unitatis redintegratio“ erstmals als Vision beschrieben wurde. Die Kirchen sollen sich nicht mehr als exklusiv verstehen, sich nicht mehr gegenseitig ausgrenzen und verurteilen, sondern die vielen gemeinsamen Werte, die den Kern des Christentums ausmachen, betonen und sich auf der Basis der Heiligen Schrift und der Konzilien des 1. Jahrtausends gegenseitig anerkennen, so den „Skandal der Spaltung“ überwinden und auch auf diesem Gebiet die „Einheit in der Vielfalt“ zustandebringen.

Wie für die Theologie gilt auch für die Kirchen, daß jede konkrete Gestalt zugleich eine Begrenzung ist. Wie ein einzelner Mensch zwar voll Mensch ist, aber nur die fünf Milliarden Menschen zusammen mit ihren je eigenen Charakteren und inneren wie äußeren Eigenschaften die Menschheit ausmachen, so ist zwar die katholische Kirche ein echtes Modell von Kirche, aber nur die vielen Kirchen zusammen mit ihren je eigenen Traditionen vermitteln eine Ahnung von der Fülle des

Kircheseins, von der wahren Katholizität. Es ist darum absurd zu erwarten, alle Kirchen müßten wieder katholisch im konfessionellen Sinn werden. Das würde eine unverantwortliche Verengung darstellen. Es braucht also nicht vollen Konsens. Nicht trotz, sondern gerade in der Verschiedenartigkeit, die nicht das Wesen berührt, kann und soll, und zwar in absehbarer Zeit, Einheit erreicht werden. Mit der römischen Formel von der „vollen, vollen, vollen Einheit“ wird auch am Ende des 3. Jahrtausends keine Einheit zustandekommen. Man vertröstet sich dann mit der Ausflucht, Einheit werde ein Geschenk Gottes sein. So sehr der Heilige Geist mit Einheit zu tun hat, soll man doch nicht naiv glauben, Einheit werde eines Tages vom Himmel fallen. Wir Menschen waren damals schuld an der Spaltung. Wir Menschen müssen uns also auch verantwortlich fühlen, die Einheit konkret wachsen zu lassen und sie schließlich zum Ziel zu führen.

3) Wiederum ein weiterer Schritt ist zu tun in der Richtung der religiösen oder heilsgeschichtlichen Katholizität. Nachdem wir auch in kirchlichen Dokumenten die Nichtchristen jahrhundertelang als Heiden, Götzendiener, Ungläubige bezeichneten, hat das Konzils-Dokument „Nostra aetate“ erstmals in positiven Worten über die andern Religionen gesprochen. Die Nachkonzils-Theologie hat dann die Frage als Thema Nummer 1 aufgegriffen. Man hatte das drängende Bedürfnis gespürt, etwas prophetisch Neues über die zwei Drittel der heutigen Menschheit zu sagen, ganz abgesehen von der unübersehbaren Schar von Menschen während der Jahrtausende vor Christus. Man betonte nun neben der besonderen Heilsgeschichte, die mit der Berufung Abrahams begann, wiederum mehr die allgemeine Heilsgeschichte, die seit dem Schöpfungsbund lief, wonach Gott von Uranfang an „seine Menschen“ annahm, mit ihnen durch die Geschichte wanderte, ihnen bis heute seine Huld und Liebe schenkte, bei ihnen Propheten und Mystiker erweckte, auch ihnen Heiligen Geist und Offenbarung gab. Gott war schon immer „Jahwe“, „Ich bin da“, wie er es in besonderer Weise für sein Volk Israel – als Modell, nicht als Monopol – bekräftigt hat.

Wir hatten Christus zu lange eingeengt auf unsere katholische bzw. evangelische Kirche. Nun merken wir, daß er als der erhöhte Herr mit seinem Geist schon immer bei allen Menschen gegenwärtig war und in ihnen, durch ihre Religion hindurch, das Heil bewirkte. Das nennt man die kosmische Dimension des Geheimnisses Christi. Das schafft eine ganz neue Voraussetzung für den Dialog. Ich traf noch vor 20 Jahren in Indien Missionare, die bedrückt waren, weil sie feststellen mußten, daß trotz so langer missionarischer Präsenz so viele Menschen noch nicht in der Kirche sind. Man lebte damals in kleinen Kirchen mit der lateinischen Liturgie als Fremdkörper im Land, isoliert von der Masse der „Heiden". Heute sind dieselben Missionare beglückt, weil sie sich nun sagen dürfen, daß schon alle im Reiche Gottes, in der Huld und Liebe Gottes leben.

Neben dem Traum, daß eines Tages die vielen Kirchen – ich denke jetzt an die über 300 dem Weltkirchenrat angeschlossenen Kirchen, nicht an die Freikirchen und Sekten, die nach D. Barrett über 20.000 zählen! – sich um Christus herum zur einen Kirche in der Vielfalt der kirchlichen Traditionen vereinen könnten, besteht noch der andere Traum, daß eines Tages die vielen Religionen sich um das Geheimnis Gottes herum als die eine Religion in der Vielfalt der religiösen Traditionen zusammenschließen könnten. Beide Visionen ergeben sich aus den Ansätzen des Konzils.

Das erschreckt natürlich kleinliche Christen und auch verantwortliche Kirchenführer. Sie fragen sich: Wozu sind wir denn noch katholisch? Was ist denn noch unsere eigene Identität? Sie können sich ihre Welt noch nicht vorstellen ohne religiöse und auch politische Feindbilder. Wir müssen uns jedoch der neuen und schwierigeren Aufgabe stellen, unsere Identität gerade in der mutigen und pionierhaften Öffnung zu den andern zu erkennen und zu betätigen in der bescheideneren und doch so wichtigen Funktion als Salz der Erde und Sauerteig des Brotes, und so die eine Menschheit Gottes wachsen zu lassen.

4) Damit ist schon die letzte Form genannt, die menschliche Katholizität, wozu uns das Konzils-Dokument „Gaudium et spes" ermutigt hat. Das ist dann wirklich und endlich Verkündigung „bis an die Grenzen der Erde" (Apg 1,8). Nichts ist jetzt mehr ausgeschlossen vom Reiche Gottes, selbst nicht die Menschen, die von Gott ausdrücklich nichts wissen, nichts wissen wollen, die Atheisten. Aber auch die säkularisierten Mächte, welche die heutige Weltwirtschaft und Weltpolitik bestimmen, stehen dem Interesse der Kirche nicht fern.

Früher war die Kirche geprägt vom Ekklesiozentrismus: Sie kreiste um sich selber, stellte in den Konzilien Dogmen auf, verurteilte Irrlehren, distanzierte sich von der „bösen Welt". Die Sozialwerke der Missionen, Schulen und Spitäler galten als „Missionsmittel", als „Präevangelisierung", als Mittel zum Zweck. Sie sollten ein günstiges Klima schaffen, damit dann jene Leute den Glauben annehmen und getauft werden. Bei der Bischofssynode 1971 wurde dann in der Weiterführung von „Gaudium et spes" erklärt, der Einsatz für Gerechtigkeit und Entwicklung sei ein wesentlicher Bestandteil der Evangelisierung selbst.

Ebenfalls in der Logik von „Gaudium et spes“ stand die Europäische ökumenische Versammlung von Basel 1988, vorbereitet und präsidiert von den Verantwortlichen der Kirchen Europas. Es bedeutete das Ende der antireformatorischen und der ekklesiozentrischen Ära. Man erkannte, daß innerkirchliche Streitereien zur Bagatelle und zum Skandal werden angesichts der Nöte der Welt. Man wandte sich als höchste Priorität den drei großen Bedrohungen der Menschheit zu, forderte Gerechtigkeit, Frieden, Bewahrung der Schöpfung und gab, „im Gehorsam gegen das Evangelium“, nach oben und unten Impulse aus zum entsprechenden Handeln.

Gewisse evangelikale Kreise ärgerten sich über diesen Weltbezug der Kirchen. Sie meinten, man hätte besser getan, die Christen aufzurufen zum Rosenkranzbeten und zum Wallfahren nach Medjugorje statt nach Basel, um hier den „Turmbau von Basel“ aufzurichten. Sie deuteten das Anliegen von Basel bloß als einen gigantischen Versuch des stolzen Menschen, Gott die Welt aus den Händen zu reißen. Mit solchen „Igelstellungen“ und Widerstandsnestern“ muß man rechnen. Sie hindern nicht, daß das Konzil mit seinen Impulsen voranschreitet.

Wir haben gesehen, daß die Kirche/die Kirchen daran sind, immer mehr ihre volle Katholizität zu erreichen, immer mehr Weltkirche zu werden, über die ganze Welt ausgebreitet zu sein, in alle Bereiche der Kulturen, der Kirchen, der Religionen, der Welt hineinzustrahlen. Alles hat mit dem Vatikanum II seinen Anfang genommen. Es wird sich trotz Widerständen weiter entwickeln. Der Zweck des ganzen Bestrebens ist, daß das Evangelium auch im 3. Jahrtausend heutig sei und daß schon auf Erden etwas mehr Himmel zustandekomme. Damit wird das endgültige Heil nicht abgewertet. Der Auferstehung der Toten eignet eine letzte Absolutheit, die freilich in erster Linie Sache Gottes ist; das innerweltliche Wohl, die Auferstehung der Lebenden aus allen todesähnlichen Situationen, beansprucht eine unmittelbarere Dringlichkeit. Das erleidet keinen Aufschub. Das ist vor allem unsere Sache.

Mit diesen Entwicklungen, die sich noch mehr durchsetzen werden, hat sich die Kirche gerüstet für das kommende 3. Jahrtausend, wo sie nicht nur mühsam überleben, sondern neu aufleben wird. Wir sind also trotz bedrückender Situationen, die wir nicht beschönigen wollen, Zeugen einer außergewöhnlich großen Kirchenzeit, und wir reden wahrscheinlich zu viel von den Krisen der Kirche – und zu wenig von den Chancen der Kirche. Mit einem Wort gesagt: Nach so viel menschlicher Enge und Exklusivität, die noch nicht ganz überwunden sind, erleben wenigstens wir mündige Christen die Wende zu Gottes Weite, wie sie in der Gestalt Johannes' XXIII. und in den Ansätzen seines Konzils verankert ist.

Autoren

Dr. Hermann Boventer, 61, promovierte in Philosophie, Kunstgeschichte und Soziologie über die Kulturtheorie in der amerikanischen Kulturanthropologie (Bonn). Nach mehrjähriger Dozententätigkeit in den USA arbeitete er als Journalist im Jugendhaus Düsseldorf (Bund der Deutschen Katholischen Jugend), u. a. als Chefredakteur der „Kontraste". 1968 bis 1981 Direktor der Thomas-Morus-Akademie in Bensberg bei Köln. Seither freiberuflicher Publizist und Lehrbeauftragter für Medientheorie (Uni Bonn). 1972 bis 1981 Vorsitzender der Gesellschaft katholischer Publizisten Deutschlands, Präsident der internationalen Vereinigung „Amici Thomae Mori". Zahlreiche Veröffentlichungen zu pädagogischen und publizistischen Themen, mit Schwerpunkt journalistische Ethik.

Dr. Johannes Brosseder ist Universitätsprofessor für Systematische Theologie an der Universität Köln und Herausgeber der „Internationalen ökumenischen Bibliographie".
Werke: Ökumenische Theologie. Geschichte – Probleme. München, 1967. Luthers Stellung zu den Juden im Spiegel seiner Interpreten. München, 1972. Über 80 wissenschaftliche Aufsätze und Beiträge zu Problemen der Lutherforschung und der ökumenischen Theologie in den einschlägigen wissenschaftlichen Zeitschriften (Concilium, Una Sancta, ökumenische Rundschau, Catholica), sowie in Sammelbänden und Festschriften.

Walbert Bühlmann, geboren am 6. August 1916, Kapuziner aus der Schweiz, war lange Zeit Missionar in Afrika, danach Dozent für Missionswissenschaft in Fribourg (Schweiz) und Animateur für praktische Missionsarbeit in Rom. Zahlreiche Werke: u. a. „Weltkirche. Neue Dimensionen – Modell für das Jahr 2001“, „Von der Kirche träumen – Ein Stück Apostelgeschichte im 20. Jahrhundert“ usw. machten ihn weit über die Grenzen seiner Heimat hinaus bekannt.

Georg Denzler ist 1930 in Bamberg geboren; 1950–1955 Studium der Philosophie und Theologie in Bamberg, 1955 Priesterweihe, 1955–1959 Kaplan in der Erzdiözese Bamberg, 1959–1962 Studium der Kirchengeschichte an der Universität München, 1962 Promotion und 1967 Habilitation im Fach Kirchengeschichte des Mittelalters und der Neuzeit an der Universität München, 1967 Dozent in Freising, München und Tübingen, seit 1971 Inhaber des Lehrstuhls für Kirchengeschichte an der Universität Bamberg. 1973 Heirat, 2 Kinder.

Univ. Prof. Dr. Hubert Frankemölle, geboren 1939, studierte Katholische Theologie und Altphilologie in Münster, München und Tübingen. Staatsexamen und Promotion in Exegese (Auslegung) des Neuen Testaments. Ab 1972 Akademischer Rat für Neutestamentliche Exegese und Bibelgriechisch in Münster. Seit 1979 Professor für Exegese des Neuen Testaments an der Universität Paderborn. Seine Anliegen sind: die herkömmlichen exegetischen Methoden mit neueren Methoden der Literaturwissenschaft zu verbinden, die jüdische Theologie als Denkhorizont der christlichen Theologie im Neuen Testament ernstzunehmen und die gewonnenen Erkenntnisse didaktisch umzusetzen.
Wichtigste Publikationen:
Das Taufverständnis des Paulus. Taufe, Tod und Auferstehung nach Römerbrief 6, 1970.
Jahwe-Bund und Kirche. Christliche Studien zur Form- und

Traditionsgeschichte des „Evangeliums" nach Matthäus, 2. Aufl. 1984.
Jesus, Anspruch und Deutungen, 2. Aufl. 1986.
Friede und Schwert. Frieden schaffen nach dem Neuen Testament, 1983.
Biblische Handlungsweisungen. Beispiele pragmatischer Exegese, 1983.
1. Petrusbrief, 2. Petrusbrief, Judasbrief (Die Neue Echter Bibel 18.20), 1987.
Evangelium. Begriff und Gattung. Ein Forschungsbericht, 1988.

Heinrich Fries, geboren 1911, Professor für Fundamentaltheologie und Ökumenische Theologie in München, seit 1970 emeritiert. Mitglied der Würzburger Synode und des Sekretariats für die Einheit der Christen. Viele Veröffentlichungen zu Fragen der Religion, des Glaubens und der Kirche. Zuletzt: Leiden an der Kirche, Herder-Verlag. Herausgeber des Handbuches theologischer Grundbegriffe.

Der Redemptorist und Universitätsprofessor **Dr. Bernhard Häring**, geboren 1912, ist eine weltweit anerkannte Autorität auf dem Gebiet der Moraltheologie. P. Häring unterrichtete lange Jahre hindurch an der Päpstlichen Lateran-Universität in Rom.
Seine beiden Hauptwerke „Das Gesetz Christi" (8 Auflagen zwischen 1954 und 1967, in 14 Sprachen übersetzt) und sein dreibändiges Werk „Frei in Christus" sind wegweisende Standardwerke der Moraltheologie.
Trotz Behinderung durch eine schwere Krankheit entwickelte sich Prof. Häring, der derzeit in Gars am Inn lebt, in den letzten Jahren immer mehr zu einer mutigen und hoffnungspendenden Gestalt im kampf gegen restaurative Engführungen in der katholischen Kirche.
Neuere Werke:
Meine Erfahrung mit der Kirche, Herder-Verlag.
Ausweglos? Zur Pastoral bei Scheidung und Wiederverheiratung, Herder-Verlag.

Hans Küng, geboren 1928 in Sursee/Schweiz. 1948–1955 Studium der Philosophie und Theologie an der päpstlichen Universität Gregoriana in Rom. 1954 Ordination; 1955 Studium an der Sorbonne und am Institut Catholique in Paris. 1957 Doktorat der Theologie. 1957–1959 praktische Seelsorge an der Hofkirche in Luzern. 1960 Berufung an die Universität Tübingen als o. Professor für Fundamentaltheologie. 1962 von Papst Johannes XXIII. zum offiziellen theologischen Konzilsberater ernannt. Seit 1963 Professor der dogmatischen und ökumenischen Theologie und Direktor des Instituts für ökumenische Forschung, seit 1980 fakultätsunabhängiger Professor für ökumenische Theologie und Direktor des Instituts für ökumenische Forschung an der Universität Tübingen. – Autor zahlreicher Bücher, Mitherausgeber diverser Zeitschriften und Ehrendoktor mehrerer Universitäten.

Univ. Prof. Dr. Raymond Mengus, geboren am 29. 12. 1938 in Horchfelden/Elsaß, studierte Philosophie, Theologie und Politikwissenschaften in Straßburg und Paris. Mengus ist derzeit Professor an der Katholisch Theologischen Fakultät an der Universität Straßburg. Seine Spezialgebiete sind Fundamentalethik und Sozialtheologie, zu denen er auch zahlreiche Veröffentlichungen publizierte.

Univ. Prof. Dr. Dietmar Mieth: Geboren 1940. Studium der Theologie, Philosophie und Germanistik; Staatsexamen und theologische Promotion an der Universität Würzburg 1967/68; Assistent von 1967 bis 1974; Habilitation im Fach Theologische Ethik 1974 an der Katholisch-Theologischen Fakultät der Universität Tübingen; Professor für Moraltheologie an der Universität Fribourg/Schweiz von 1974 bis 1981; Professor für Theologische Ethik an der Katholisch-Theologischen Fakultät der Universität Tübingen seit 1981.
Wichtige Veröffentlichungen:
Die Einheit von Vita Activa und Vita Contemplativa, 1969;

Moral und Erfahrung, 1983;
Dichtung, Glaube und Moral, 1984;
Ehe als Entwurf, 1984;
Die neuen Tugenden, 1984;
Arbeit und Menschenwürde, 1985.

Dr. Peter Neuner, geboren 1941 in München, wurde 1966 in Freising zum Priester geweiht. Von 1980 bis 1985 unterrichtete er Fundamentaltheologie in Passau und ist seit 1985 Professor für Dogmatik (Glaubenslehre) an der Universität München.
Wichtige Veröffentlichungen: Religiöse Erfahrung und geschichtliche Offenbarung, München-Paderborn-Wien, 1977. Döllinger als Theologe der Ökumene, Paderborn, 1979. Kleines Handbuch der Ökumene, Düsseldorf, 1987 (2. Aufl.). Der Laie und das Gottesvolk, Frankfurt, 1988

Univ. Prof. Dr. Franz Nikolasch, 57, hat an der Jesuiten-Universität Gregoriana, Rom, Philosophie und Theologie studiert. Promotion 1961 in Rom; Seelsorger in Kärnten. Seit 1968 Professor für Liturgiewissenschaft und Sakramententheologie an der Theologischen Fakultät der Universität Salzburg. Rege Aktivitäten auf kulturellem Gebiet (Millstätter Musikwochen). Seelsorge in der Gemeinde an der St. Leonhardskirche bei Salzburg. Ausgedehnte publizistische und Vortrags-Tätigkeit.